스마트 스토어

네이버
나만의 쇼핑몰

스마트스토어

만들기

네이버
나만의 쇼핑몰
스마트스토어
만들기

초판 인쇄 2023년 10월 08일
초판 발행 2023년 10월 15일

지은이 이영호
펴낸이 김태헌
펴낸곳 스타파이브

주소 경기도 고양시 일산서구 대산로 53
출판등록 2021년 3월 11일 제2021-000062호
전화 031-911-3416
팩스 031-911-3417

네이버
나만의 쇼핑몰
스마트스토어
만들기

글 · **이영호**

네이버에서 성공하는 쇼핑몰 쉬운 창업

국내 온라인쇼핑몰 시장 규모는 국내 인터넷 시장 전체 규모 절반에 달한다. 유선 인터넷 시장에서 무선 모바일 인터넷 시장으로 변환하는 2012년대 전후에 더욱 양적 팽창을 이룬 것으로 그 이유로, 소비자들이 컴퓨터를 통해 쇼핑을 하는 과정 자체가 그동안 목표성 사용이었다면, 모바일 스마트 기기가 늘어나는 상황에선 의도하지 않아도 언제나 상품정보 검색 또는 인터넷 사용이 가능한 생활형 사용으로 변했기 때문이다.

다시 말해서, 소비자들이 인터넷을 이용하는 방법은 스마트 기기를 먼저 활용하고 컴퓨터를 나중에 병행하는 시장으로 생각할 수 있는데, 그 사용방법에 따라 분류해보면 정보검색과 콘텐츠 즐기기는 스마트폰에서, 쇼핑은 상대적으로 덩치가 큰 컴퓨터에서 이뤄지는 구조라고 말할 수 있다. 예를 들어, 이동 중에 갑자기 생각난 아이디어를 찾아보고자 컴퓨터까지 달려가서 인터넷 브라우저를 켜지 않아도 손바닥 위에서 언제든 스마트 기기로 확인 가능하다는 뜻이다.

목적성 인터넷사용이 생활형 인터넷 사용환경으로 바뀌게 된 것은 물론, 한 걸음 더 나아가 스마트TV 시대 컴퓨터 소비는 더욱 줄어들고 생활형 인터넷 사용환경으로 완전 탈바꿈할 가능성이 커진다. 사무환경에서나 컴퓨터를 보고, 집에서 이동 중엔 언제든 인터넷 곁에서 생활하게 된다는 뜻이다.

이 무렵, 애플TV, 구글TV, 삼성 스마트TV와 방송과 통신의 생활형 인터넷 시장이 열리면서 더욱 확대될 미디어 시장을 놓고 네이버나 다른 인터넷 기업들과의 경쟁으로 간주할 수 있다.

그럼, 인터넷환경에 어떤 영향을 줄 것이며 소비자들은 어떤 준비를 해야 할까?

인터넷 정보검색이라는 분야에서는 생활형 인터넷 환경이 구축되는 시대에 경쟁분야가 상충되지 않으면서 미래 온라인시장에서의 먹거리를 확실하게 선점하겠다는 것으로 이해할 수 있다.

네이버는 최대 회원과 정보검색으로 다져진 강점을 발판으로 쇼핑 서비스를 확대할 경우 상품정보 제공과 쇼핑몰 운영이라는 수익모델을 동시에 가져가는 동시에 블로그와 카페 서비스를 활용하여 홍보지원, 쇼핑지원을 하면 할수록 여타 쇼핑몰들과 경쟁할 수 있는 경쟁력이 강력해 진다는 이점이 있다. 네이버 회원들은 네이버에서 상품정보를 검색하고, 지식검색으로 답변을 찾은 뒤 다른 쇼핑몰로 이동하여 쇼핑을 하곤 했는데, 이제부터는 스마트스토어 안에서 바로 쇼핑이 가능하다는 편리함에 익숙해지게 마련이기 때문이다.

지식검색 분야의 강자인 네이버가 생활형 인터넷 시장에서 필수적인 TV 시장에 진출, TV를 통해 소비자들에게 먼저 제공하게 되면 오히려 인터넷TV 시장에서 시장진입이 빠른 우월적 사업자 지위를 노려볼만하다는 게 장점이다.

예를 들어, 애플社에서 아이폰을 출시하고 콘텐츠를 바탕으로 세계 스마트폰 시장의 선두주자가 된 것처럼 TV를 출시하고 그동안 쌓아 온 콘텐츠를 공급할 경우 장밋빛 전망을 할 수 있다는 뜻이다. 실제로 NAVER는 쇼핑라이브 등에 추가하여 각종 셀럽 방송 및 주요 방송 프로그램들을 사이트 내에서 운영해 왔으며 이로 인해 생긴 운영 노하우도 상당하기 때문이다.

그럼, 정리해 보자.

인터넷 시장은 생활형 환경이 될 것이며, 이동 중에도 사용하는 모바일 인터넷은 애플과 구글, 삼성전자가 이끄는 스마트 기기들이 주도할 것이고, 집에

서 사용할 수 있는 주거형 인터넷은 스마트TV가 이끌어갈 텐데, 마침 스마트TV는 아직 시장 주도적 사업자가 없는 까닭에 애플, 구글이 동일한 출발선상에서 경쟁할 수 있다는 점이 특징이다.

그럼, 네이버는 어떻게 움직일까?

네이버는 카카오톡이 국내 SNS 시장에 등장해서 무료 문자메시지 서비스를 통해 모바일 플랫폼 시장을 선점하려 하자 곧바로 '라인'이라는 무료 문자메시지 서비스를 출시, TV광고를 통한 시장 확대에 나섰다.

이 점을 근거로 유추해 볼 때, 글로벌 IT 인터넷 기업들은 스마트TV 인터넷 시장을 염두에 두고 음성검색 기능을 사용하는 서비스를 속속 출시하고 있는 것으로 보이므로, 네이버의 검색과 스마트TV가 협력하게 되면 리모컨 대신 음성만으로 모든 검색을 대체할 수 있으며, 스마트TV를 기반으로 각종 검색 서비스 및 콘텐츠 이용을 할 수 있다는 결론이 나온다.

네이버에서는 자사 보유 콘텐츠를 활용할 수 있는 플랫폼으로 스마트TV를 활용할 수 있으며, 스마트TV에 필수적인 콘텐츠를 확보함과 동시에 각종 저작권 논란으로부터도 피해갈 수 있는 이점까지 동시에 확보하게 된다.

이 말은 네이버의 스마트TV 인터넷 시장 선점 경쟁이 벌어지는 것과 같다.

스마트TV 시대에서는 지마켓, 옥션, 11번가 같은 유선 인터넷을 기반으로 성장한 쇼핑몰 서비스가 퇴조할 우려가 크며, 네이버가 제공하는 스마트TV

에 적합한 플랫폼 안에서 새로운 쇼핑몰 서비스가 등장해야 한다는 이유가 된다.

생각해 보면, 그동안 네이버는 지식쇼핑을 통해 쇼핑몰 사업자들에게 단순 링크방식의 쇼핑사업만 영위해 오고, 네이버만의 쇼핑서비스가 없었던 까닭에 스마트TV 시대에 새롭게 열리는 플랫폼 안에서 네이버만의 쇼핑이 필요하게 된 것이다.

스마트TV 시대에 네이버에서는 스마트스토어를 쇼핑 서비스로 밀게 될 것이란 유추를 어렵지 않게 할 수 있다. 이와 동시에, 그동안 인터넷쇼핑 시장 선점 후 우월적 사업자 지위를 누려 온 오픈마켓, 종합쇼핑몰 등은 스마트TV 시장에 진입한 이후라도 마땅히 두각을 내세우지 못할 것이란 우려도 있다.

많은 수의 회원을 확보한 쇼핑몰들일지라도 네이버가 만들어 가는 스마트TV 플랫폼에 맞춰 새롭게 쇼핑몰 구성을 해야 하는데, 네이버가 자사의 스마트스토어를 배제하고 다른 쇼핑몰들을 부각해줄 것이란 기대를 하기 어렵기 때문이다.

결과적으로, 네이버에서는 유무선 인터넷 환경 및 스마트TV 시대를 준비하며 스마트스토어라는 쇼핑몰 서비스를 시작한 것으로 봐야 하며, 보유 회원 수 최다를 자랑하는 네이버에서 지식검색과 맞물려 스마트스토어를 지원하게 되면 쇼핑몰 순위에 변동이 생길 것이란 짐작을 어렵지 않게 할 수 있다.그래서 본 도서 (나만의 쇼핑몰 스마트스토어 만들기)가 세상에 선보이게 되었다.

[주] 이 책은 쇼핑몰 왕초보자를 위한 스마트스토어 만들기를 설명하는 내용으로서 쇼핑

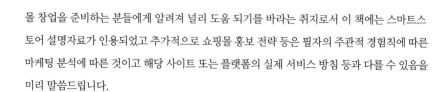

몰 창업을 준비하는 분들에게 알려져 널리 도움 되기를 바라는 취지로서 이 책에는 스마트스토어 설명자료가 인용되었고 추가적으로 쇼핑몰 홍보 전략 등은 필자의 주관적 경험칙에 따른 마케팅 분석에 따른 것이고 해당 사이트 또는 플랫폼의 실제 서비스 방침 등과 다를 수 있음을 미리 말씀드립니다.

자, 이제 스마트TV까지 열리면서 온라인 상거래 시장은 더욱 확대된다. 소셜커머스가 아니라 소셜네트워크서비스SNS를 넘어, 유무선 인터넷을 포함하는 온라인상거래쇼핑 전성시대를 열어 보자. 네이버 오픈마켓 무료인터넷 쇼핑몰 스마트스토어를 손쉽게 만들고, 네이버 블로그와 네이버 카페로 무료 홍보하는 나만의 온라인 커머스를 만들어 보자

이영훈

네이버
나만의 쇼핑몰
스마트스토어
만들기

차례 Contents

차례 Contents

차례 Contents

네이버 사용자와 네이버를 방문하는
네티즌을 대상으로 나만의 쇼핑몰
[스마트스토어] 를 만들고,
상품판매, 광고, 홍보를 하는 방법에 대해
알아보도록 하자.

PART 01
네이버 스마트 스토어

스마트스토어란?

네이버에서 서비스하는 쇼핑몰 인터넷 주소는 SMARTSTORE.NAER.COM 이다. 네이버 사용자라면 누구나 손쉽게 쇼핑몰을 만 들 수 있으며, 초도 상 품 가짓수도 5개 이하의 상품만으로도 충분하다는 장점이 있다.

네이버 스마트스토어의 장점

국내 인터넷 이용자 수, 하루 페이지 뷰, 검색 이용 사이트 인기도 등 다수면 에서 수위를 차지하는 네이버에서 만드는 쇼핑몰은 우선 사이트 방문자 수를 기대할 수 있다는 장점이 있고, 블로그와 카페를 통해 같은 네이버 안 에서 홍보가 가능하다는 장점이 있다. 쇼핑몰은 만드는 것보다 만들고 난 후 에 홍보가 가장 큰 애로점으로 지적돼 온 만큼 네이버에서 이뤄지는 많은 트래픽을 대상으로 홍보 전략을 세울 수 있다.

네이버 블로그와 쇼핑몰

네이버 블로그를 운영하며 스마트스토어를 홍보하는 방법 중에 블로그 글 내용으로 쇼핑몰 홍보 문구를 넣는 방법보다 블로그 첫 페이지 레이아웃에 쇼핑몰 바로 가기 위젯을 이용하는 방법이 유용하다. 블로그 방문자들에게 가장 먼저 보일뿐더러 GIF 이미지를 사용할 수 있는 덕분에 움직이는 이미지로 만들어서 마치 플래시이미지와 같은 시각 효과를 기대할 수도 있다.

네이버에서 온라인쇼핑몰 창업하기

네이버 회원이라면 누구나 쇼핑을 하듯이 손쉽게 만들고 온라인 커머스를 시작할 수 있다. 쇼핑몰 형태는 네이버 블로그 프레임과 친숙하며 판매할 상품 가짓수는 최소 5개 이하도 가능하므로 패션디자인과 전공 학생들의 졸업작품도 판매 가능하다. 다른 쇼핑몰의 경우, 최소 수십여 개 이상의 상 품을 준비하고 진열해야 쇼핑몰 형태가 갖춰지던 것에 비해서 5개 이하 소 량 상품 종수에 따라 알맞게 디자인된 레이아웃이 추천받을 만하다.

네이버 스마트스토어
만들기

스마트스토어에 접속한다. 검색창에 스마트스토어 입력하거나
해당 도메인 주소 http://sell.smartstore.naver.com에 접속하자.

스마트스토어에서는 네이버 아이디와 별도의 계정으로도 로그인이 가능하다.
스마트스토어를 만든 후 쇼핑관련 정보블로그를 링크하고자 할 때 네이버 아이
디로 로그인해서 사용하는 과정이 있으나 이에 대해선 본 도서의 후반부에서
다루기로 하고, 먼저 스마트스토어 판매자 계정을 만드는 방법에 대해 알아보도
록 한다.

A. 판매자 등록

스마트스토어 사이트에서 [스마트스토어 판매자회원 가입] 메뉴를 클릭한다.

스마트스토어 판매자 회원의 종류가 표시되고, 자신에게 맞는 항목으로 가입 과정을 시작한다. 스마트스토어 회원가입은 판매자 유형에 따라 절차가 다르다. 영업을 목적으로 하지 않는 개인적인 판매활동을 하려는 사람은 사업자등록증이 없어도 '개인 판매자'로 가입이 가능하다. 각자의 유형을 선택하고 가입을 시작하자.

B. 판매자 정보

(1) 개인

아직 사업자 등록을 하지 않은 경우, 개인 판매자로 활동이 가능하다. 가입이후 사업자등록을 했다면 '판매자 정보 > 사업자 전환' 메뉴를 통해 사업자 전환할 수 있다. 스마트스토어 이름은 가입 후 1회 수정 가능, 스마트스토어 URL은 수정 불가능하다

(2) 사업자

사업자등록을 한 경우, 사업자등록번호 인증을 통해 사업자 판매자로 가입이 가능하다. 사업자로 가입할 경우, 가입 심사를 위한 필수 서류를 제출해야 가입이 승인된다. 사업자로 스마트스토어를 이용하기 위해서는 통신판매업 신고가 필수이다. 아직 신고하지 못한 사람은 위 '사업자로 온라인 판매가 처음이라면' 도움말을 확인해보자. 스마트스토어 이름은 가입 후 1회 수정 가능, 스마트스토어 URL은 수정 불가능하다.

(3) 해외사업자

해외 거주 국가에 사업자 등록을 한 경우, 해외사업자로 활동이 가능하다. 가입 심사를 위한 필수 서류를 제출해야 가입이 승인된다. 스마트스토어 이름은 가입 후 1회 수정 가능, 스마트스토어 URL은 수정 불가능하다.

단, 2021년 10월 7일부터 중국/홍콩 판매자의 신규가입이 제한적으로 허용된다. 중국/홍콩 판매자의 위조 서류를 통한 가입과 가품(위조상품) 판매의 비율이 지속적으로 발견되고 있어서, 이에 스마트스토어에서는 가품(위조상품)이 발생하는 일부 카테고리의 상품등록을 제한하고, 그 외 카테고리의 상품을 판매하는 경우에만 허용한다.

C. 약관 동의

개인판매자 회원가입에 대해 알아보자. 각 유형별로 가입절차는 크게 다르지 않으므로 본 단락에서는 네이버를 사용하는 다수의 예비창업자와 쇼핑몰 창업을 생각해본 적이 있는 잠재적인 판매자를 대상으로 손쉬운 쇼핑몰 만들기에 설명하도록 한다.

자신에게 맞는 유형을 선택하고 가입절차를 시작하면 약관에 동의하는 단계가 실행된다. 스마트스토어 판매자로서 읽고 동의해야 하는 약관은 '판매이용약관', '전자거래금융약관', '고유식별 정보 수집 및 이용에 대한 안내', '개인정보 수집 및 이용에 대한 안내'가 있다.

또한, 스마트스토어를 만든 후에 네이버에서 홍보를 하려는 사람들은 네이버 쇼핑 광고주가 되어 다양한 홍보수단을 이용할 수 있다. 이에 대한 '네이버쇼핑 약관'을 선택하여 동의할 수 있다.

표시된 약관을 읽고 동의를 표시한 후 '동의'를 누른다. 단, '네이버쇼핑 약관'은 선택사항이나 스마트스토어의 운영이 네이버를 위주로 운영되는 만큼 네이버 쇼핑을 통해 홍보해야 할 경우를 대비, 미리 광고주로 가입해 두면 나중에 반복할 필요가 없다는 편리함도 있다.

D. 판매자 인증하기

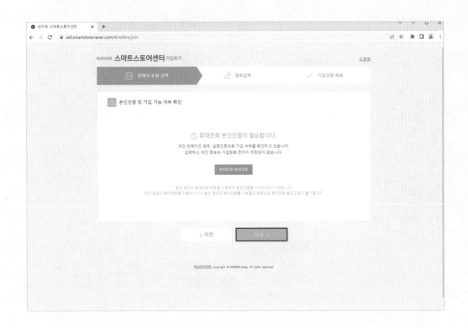

약관동의를 거치면 판매자 실명인증을 거친다. 판매자 본인 여부를 확인하는 과정으로 주민등록번호와 실제 이름이 맞는지 확인하는 과정이다. 만약, 다른 사람의 주민등록번호를 사용하게 되면 주민등록법에 의해 처벌받을 수 있으므로 반드시 본인의 주민등록번호만을 사용 하도록 한다.

스마트스토어 판매자 본인 여부를 확인하는 실명인증 과정에서 입력되는 정보는 스마트스토어 판매자로 가입완료가 되기 전까지 저장되지 않는다.

E. 회원정보 입력

(1) 기본정보

실명이 확인되면 회원정보 입력 과정이 실행된다. 아이디를 정하고 비밀번호를 부여하며 메일 주소, 전화번호, SMS 수신 여부 등을 설정한다.

회원정보 입력을 마쳤다고 해서 바로 판매자가 되는 것은 아니며 경우에 따라서 필요한 서류 제출이 이뤄져야 하고 승인을 거친 후에 판매자가 될 수도 있다. 가령, 건강기능식품을 판매하는 경우엔 건강기능식품 판매업신고증이 필요하고, 의료기기를 판매하는 경우엔 의료기기 판매업신고증을 제출해야 한다.

(2) 스마트스토어 기본정보 등록

스마트스토어의 이름과 도메인 주소를 설정하는 과정이다. 스마트스토어 이름으로 사용할 단어를 입력하고 '중복확인'을 눌러서 사용 중인 이름이 아닌지 확인한다.

스마트스토어 주소도 영어소문자로 입력하고 중복확인을 거쳐 다른 판매자가 사용하는 주소가 아닌지 확인하도록 한다. 주소나 이름은 나만의 판매자를 표시하는 것으로 중복되는 판매자가 있을 경우 등록이 불가능하다.

　　스마트스토어 이름과 스마트스토어 주소는 자신이 사용하고 싶은 단어로 자유롭게 설정하되, 등록된 이후에는 수정, 변경이 불가능하므로 주의하도록 한다. 예를 들어, 스마트스토어에서 판매하고자 하는 상품을 소개하는 이름으로, 필자는 패션브랜드 [책읽는여자]라는 느낌을 활용하는 스타일 이름을 스마트스토어 이름으로 정하고, 주소 또한 영문 표기로 설정해 봤다. 이와 동시에 소갯글에는 상품의 특징을 나타내는 설명을 덧붙여 필자의 스마트스토어를 방문하는 사람들이 한눈에 상품의 특성을 알아볼 수 있도록 주의를 기울였다.

(3) 판매자 정보

　　판매자 정보에서는 개인판매회원을 대상으로 범용 공동인증서를 통한 본인확인 과정이 의무사항으로 적용된다. 다른 사람의 개인정보를 도용할 경우, 상품판매로 인해 다른 사람들이 피해를 입을 수도 있으므로 반드시 본인확인 과정을 거쳐야 한다.

TIP 공동인증서를 만들려면?

공동인증서는 한국정보인증을 통해 만들 수 있다.

스마트스토어 판매자가 사용하는 공동인증서는 '범용개인' 인증서이며 발급신청에 따른 비용은 무료다. 공동인증서는 1년간 유효하며 시한이 되면 갱신을 해야 하고, 이렇게 만든 공동인증서는 온라인은행거래, 신용카드결제, 주식거래, 전자민원 업무 등에서도 폭넓게 사용할 수 있다. 단, 업무 형태에 따라 공동인증서 종류가 다르므로 자신에게 맞는 유형을 고르도록 하자.

만드는 방법은 신청하기를 누르고 약관동의를 거쳐 개인정보를 입력하면 '신청서'가 완성된다.

순서대로 상품정보, 배송정보 등을 거쳐, 스마트스토어에서 판매하고 수수료를 제한 정산 대금을 수령할 은행 계좌를 입력한다.

　정산대금 입금계좌를 입력하거나 판매자에게 충전금으로 축적해둘 수 있다. 판매자 정보 메뉴에서는 상품 출고지 주소와 반품, 교환지 주소를 입력해야 한다. 회원 정보 입력을 마무리하면 [확인]을 누른다. 이로써 판매자 등록이 끝나고 상품등록부터 판매까지 모든 거래가 가능하다.

　판매자 등록을 마친 후 스마트스토어 판매자센터를 접속해 보자.

필자의 스마트스토어는 [책읽는 여자] 판매자 등록 후 판매를 시작하면 5등급으로 표시된다. 스마트스토어 대표 이미지를 등록하고, 그 아래에 판매자의 블로그를 연결 등록하여 쇼핑몰 홍보에 이용할 수 있다. 스마트스토어 판매자센터에서는 판매하는 상품을 일목요연하게 보고 판매부터 반품, 교환업무는 물론, 상품 현황 파악과 정산금액 현황 조회도 가능하게 되어 있다. 스마트스토어 판매자라면 어렵지 않게 관리할 수 있도록 만들어진 각 메뉴별로 이용방법에 대해 알아보도록 하자.

상품관리

상품관리는 상품등록, 상품일괄등록, 상품정보 조회/수정, 갤러리 관리, 배송비 관리, 공지
사항 관리로 나뉜다. [상품등록]은 다시 카테고리 선택, 상품정보, 판매정보, 배송정보, 고객
혜택으로 구분된다.

A. 상품등록

(1) 카테고리 선택

상품 상태를 설정한다. 신상품인지, 중고상품인지, 리퍼수선상품인지, 진열상
품인지 나눈다. 상품 상태를 설정한 후에는 상품을 등록할 카테고리를 선택하는
데, 의류브랜드별로 나뉜 항목 또는 주얼리나 시계 등으로 패션잡화, 액세서리
항목 등, 등록하고자 하는 상품에 맞는 항목을 고른다.

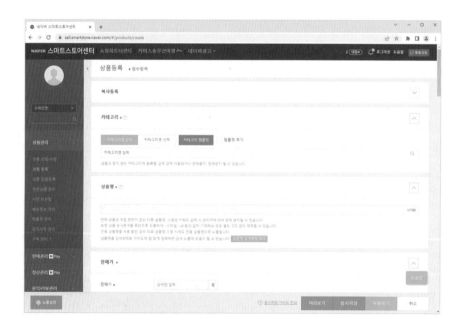

이때, 상품상세 레이아웃을 설정할 수 있는데, 베이직형인지 이미지 집중형인지 나눈다. 베이직형은 일반적인 쇼핑몰 구조에서 볼 수 있는 형태로 상품 이미지와 그 옆에 상품가격 등의 정보를 표시하는 형태이며, 이미지 집중형은 상품 이미지를 먼저 노출하고, 그 아래로 상품 관련 구매정보를 표시하는 방식이다.

(2) 상품정보

먼저, 상품명을 정한다. 상품명은 판매 상품과 직접 관련이 없는 다른 상품명, 유명 상품 유사 문구, 스팸성 키워드 입력 시 관리자에 의해 판매 금지될 수 있으므로 해당 상품에 맞는 이름을 정한다.

상품명을 정하고 홍보문구를 입력하는데 홍보문구는 쇼핑몰에서 상품검색하는 것과 연관이 없고 상품 상세 내용에서 보이는 부분이지만, 이 역시 유명 브랜드 상품을 떠올리게 하는 유사 문구나 허위 과대광고 문구를 입력할 경우엔 판매 금지될 수 있으므로 주의하도록 하자. 판매자 상품코드란 판매자가 정하는 상품번호다. 판매자가 지정해둔 상품코드를 입력해서 상품관리에 이용할 수 있다. 공산품이나 전기용품, 방송통신 기기 등의 안전인증대상 상품은 반드시 인증번호를 입력하도록 한다.

원산지를 표시해야 하며, 상품 구성이 원산지가 다른 상품들로 구성될 경우, 상품상세에 각 상품별로 원산지를 구분하여 입력한다. 농축산물 가공품의 경우엔 반드시 가공품에 사용한 원료의 배합비율을 표기해야 한다.

제조일자와 유효기간, 부가세 여부, 미성년자 구매 가능 상품인지 나누고, 상품상세 이미지를 넣도록 한다.

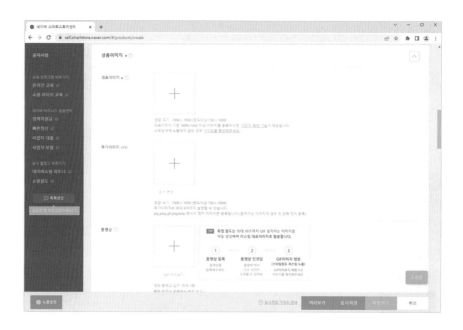

이미지의 적당한 크기는 가로세로 450×450 픽셀이며 JPG, GIF, BMP 형태의 이미지가 가능하다. 상품별 추가 이미지도 등록 가능하다.

상품에 표시될 목록이미지가 있으며, 각 목록별 이미지를 등록하지 않을 경우 대표이미지를 조절하여 자동으로 등록되게 된다.

상품정보에는 품명 및 모델정보, 크기, 제품구성, 제조자, 수입품의 경우 수입자 또는 판매자, 제조국, 품질보증기간, A/S 관련 주소 및 전화번호를 기록한다. 상품 상세정보에는 이미지사진이나 지도, 동영상 설명도 가능하다.

상품명과 직접적인 관련이 없는 외부 링크 등을 입력할 경우엔 판매금지가 될 수도 있다. 상품상세를 등록한 후 [미리보기]를 사용해서 표시되는 내용을 미리 확인할 수 있다.

공지사항은 상품에 관련된 판매자의 공지를 표시하는 기능으로, 사용 여부를 설정할 수 있으며, A/S정보는 전화번호 및 그에 따른 내용을 표시하도록 한다. 구매평은 상품을 구매한 소비자들의 구매평을 상품 상세페이지에 노출하는 기능으로 노출 여부를 설정할 수 있으며, 구독회원 전용상품, 네이버쇼핑 등록 할 것인지 여부도 설정한다.

상품등록 후 소비자에게 보일 때, 해당 상품의 상품상세 페이지에 판매자가 등록하는 다른 상품을 진열 전시하여 같이 노출할 수 있는 기능을 설정하여 등록 가능한데, '봄상품갤러리', '여름 휴가상품갤러리', '겨울스키용품갤러리' 등으로 분류하여 지정할 수 있다.

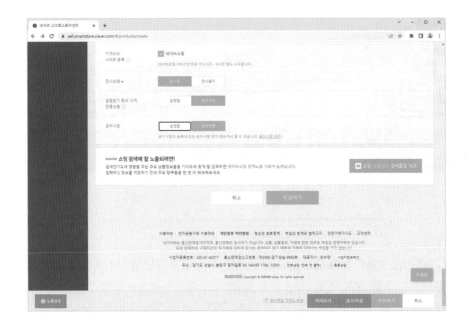

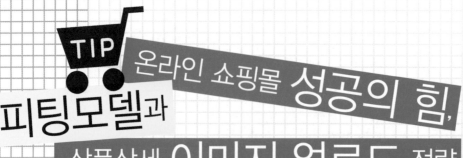

TIP 온라인 쇼핑몰 성공의 힘, 피팅모델과 상품상세 이미지 업로드 전략

1) 피팅모델

인터넷쇼핑몰의 성공 요소 중 가장 큰 부분이 바로 피팅모델이다. 특히, 패션 쇼핑몰에서는 의류, 모자, 신발, 가방 등을 들고 화보 속에 등장하는 모델의 역할이 제일 중요한데, 얼굴이 예쁘고 개성 있는 정도가 아니라 특정 아이템을 연출하는 포즈 연출력과 전체적인 신체 비율로 타고난 모델 조건을 갖춘 경우를 말한다.

이로 인해, 많은 구인구직 사이트에서는 피팅모델을 찾으려는 온라인쇼핑몰들의 구인공고가 끊이질 않는 상황이기도 하다. 상품에 대한 이미지는 사진을 찍어서 최대한 원본과 똑같이 이미지 보정을 할 수 있다지만 모델의 이미지, 포즈연출, 전체적인 분위기 연출 등은 타고난 모델의 힘 아니면 확보하기 어렵기 때문이다.

그래서 온라인쇼핑몰의 성공시대는 피팅 모델의 성공시대와 유사하게 흘러간다. 정비례한다는 뜻이다. 시간당 5만원 정도를 받는 피팅모델은 외모가 받쳐주는 여성들이나 남성들에게 요긴

출처: http://www.jobkorea.co.kr/SM/Search.asp?gubun=GI&stext=%C7%C7%C6%C3%B8%F0%B5%A8

40

한 아르바이트가 되기도 하는데, 쇼핑몰 분야에서 A급 모델로 통하는 사람들의 경우, 전속으로 활동하는 쇼핑몰도 있으며, 프리랜서로 활동할 경우 시간당 10여만원 이상, 하루 3~4시 간 촬영하는 조건으로 수십만원의 모델료를 받기도 한다.

물론, 모델에게 주는 돈보다 그 모델이 쇼핑몰에 등장하면서 구매자들이 방문하는 수가 늘어나고 매출이 더욱 늘어나게 되니 쇼핑몰 운영자로서도 손해보는 거래는 아니지만 말이다.

그럼, 어떤 조건의 비율을 갖춘 피팅모델이 가장 좋을까? 예를 들어, 167CM 전후의 키에 50KG이 안 되는 체중을 지니면 비율이 적절한 것으로 여겨진다. 패션쇼 무대에서는 것처럼 삐쩍 마르고 키가 훌쩍 커야하는 게 아니다. 피팅모델은 철저하게 일반인들을 대상으로 하는 생활 주변 쇼핑을 목적으로 하기에 다른 세상 사람들같은 전문모델보다는 가까운 언니, 누나, 오빠, 형과 같은 스타일리시한 사람들이 적합하다.

2) 상품상세이미지 올리기

쇼핑몰에서 판매할 상품을 준비하고 피팅모델을 만나서 촬영까지 끝냈다면 그 다음 중요한 작업이 바로 상품등록 과정이다.

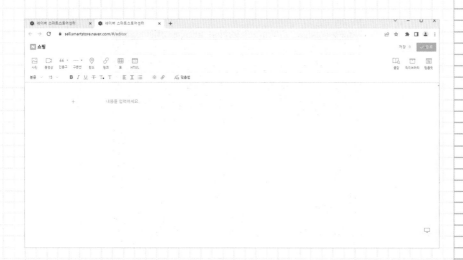

이때, 포토샵 프로그램 등을 사용해서 사진을 실제 상품과 유사하게 맞춰 주는 작업이 필요하며, 모니터별로 보이는 제품 이미지가 다름을 감안, 쇼핑몰 방문자들이 실제 상품과 가장 가깝게 상품을 볼 수 있도록 모니터 해상도를 설정하여 그 수치를 제공하는 쇼핑몰들도 많다.

그러나 무엇보다도 가장 중요한 점은 쇼핑몰 상품상세 정보에 올리는 이미지다. 텍스트 문구는 최대한 자제하되, 사진 속에서 가장 예쁘게 빛나는 분위기의 이미지를 연출해야만 소비자들이 반응하기 때문이다. 그래서 쇼핑몰에서는 감각을 갖춘 웹디자이너 채용공고가 끊이지 않기도 하는데, 어쨌든 상품상세 페이지에 등록하는 상품상세 이미지 작업에 대해 알아두도록 하자.

먼저, 소프트웨어 프로그램은 포토샵PHOTOSHOP 또는 알씨ALSEE 등을 사용하거나 윈도우 기반 컴퓨터에 포함되어 있는 그림판 프로그램을 사용할 수 있다. 스마트스토어에 등록하는 이미지는 한 파일당 10MB 이하의 크기로 JPG, PNG, BMP, GIF 형태 의 이미지가 주로 사용되기 때문에 디지털 카메라로 촬영한 사진의 파일 형식이 이에 해당하지 않을 경우 이미지파일 변환 작업을 해줘야 하는 것도 잊지 말자.

상품상세 페이지에 이미지 작업을 한 파일을 올릴 때는 흰색 배경으로 모델과 상품이 부각되는 이미지의 컷을 준비한다. 사진 속 배경화면이 복잡하거나 색상이 들어가 있을 경우, 제품 이미지에 영향을 주어 해당 상품이 돋보이지 않을 위험이 된다.

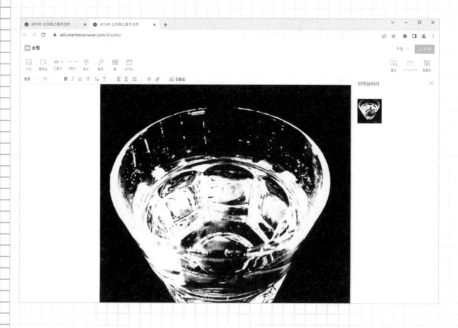

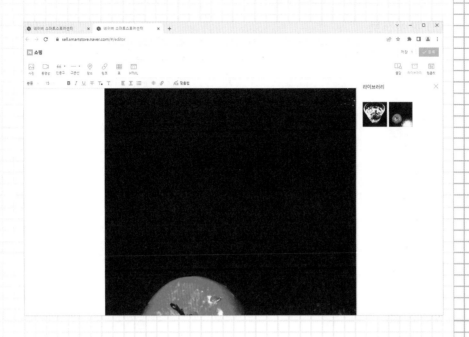

　상품상세 페이지에 올리는 상품상세 이미지는 하나의 이미지로 크게 만들어서 한 번에 넣어도 되지만 만약 이미지 파일 크기가 10MB가 넘을 경우가 있으므로 하나의 큰 이미지보다는 적당한 크기로 구분하여 여러 컷의 이미지를 올리는 게 더 편리하다.

　또한, 한 번 만든 이미지는 상품상세 정보에 올린 후에도 이따금 수정해야 할 필요성이 생기기도 하는데, 이때마다 큰 이미지 하나를 수정해서 다시 올리고 하는 작업보다 수정해야 할 부분의 이미지만 골라서 수정을 한 뒤, 해당 위치에 다시 업로드 하는 작업이 편리하기 때문이다.

　이렇게 올린 이미지는 스마트스토어 쇼핑몰 상품상세 정보 영역에서 표시된다. 바탕화면은 흰색으로 하고 제품 이미지를 돋보이게 만들었다. 각 제품 이미지 부분은 실물 제품을 컴퓨터 옆에 두고 이미지 프로그램을 사용해서 최대한 실물과 닮게 보이도록 색상을 조정했다.

(3) 판매정보

판매기간, 판매가, 재고수량, 최소/최대 구매수량, 옵션을 설정한다.

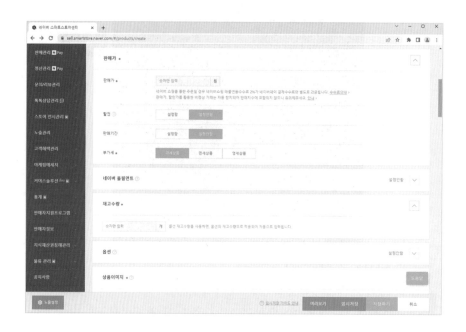

유효기간이 필요 없는 상품일 경우, 판매기간을 따로 설정하지 않도록 하며, 판매 가능한 상품 수량이 있는 경우 재고수량을 지정하여 두면 수량 부족 시 판매가 중단되는데, 각 옵션 상품을 등록하면서 옵션상품별로 재고수량을 설정할 경우 상품의 재고 수량을 지정할 수 없다.

[옵션]이란 상품이 색상, 사이즈 등으로 나뉘어 단일 상품명이지만 여러 세부 상품이 있을 때 사용하는 메뉴로써 같은 디자인의 의류일 경우 아동용인지 성인용인지, 색상은 몇 가지인지 구체적으로 분류해 둔다.

(4) 배송정보

배송이 필요한 상품은 배송정보를 기입한다. 단, 상품에 따라서는 무형상품으로 콘텐츠일 경우 이메일이나 다운로드하기 등의 경우로 구매가 가능한 상품도 있는데, 이 경우 배송이 필요하지 않다.

[배송비 템플릿]이란 특정 상품 조건별로 판매자가 지정하는 배송비 표시 기준이다. 미리 배송비 기준을 등록하여 상품을 등록할 때마다 번거롭게 재입력하지 않고 간단하게 배송비 템플릿을 불러와서 적용할 수 있다. 배송비 템플릿이 없을 경우엔 '신규 배송비 템플릿'에 표시하고 새롭게 등록해 둘 수 있다.

배송방법은 택배, 소포, 등기의 우편배송과 판매자 업체로 방문 수령하는 방법, 퀵서비스로 배송하는 방법으로 나뉜다. 또한, 온라인쇼핑몰의 특성상 여러 상품을 동시에 구매할 경우 각각의 배송으로 나누지 않고 구매한 상품 을 한 번에 배송할 수 있는 묶음배송 메뉴가 있다. 상품등록 시에 묶음배송이 가능할 경우와 배송비 개별 계산하는 경우로 구분한다.

상품별 배송비 설정은 무료인 상품과 조건부 무료인 상품으로 나뉘며, 유료인 경우엔 고정배송비가 얼마인지 설정하거나 수량이 늘어나면 해당 개수마다 추가 부과되는지 지정한다.

반품/교환 배송정보 설정은 판매자가 이용하는 택배사를 지정하여 이용할 수 있고, 반품배송비를 부과하거나 소비자가 상품교환을 원할 때 적용하는 교환배송비를 설정해 둔다. 이때, 출고지와 반품/교환지 주소는 판매자 등록 시 입력한 주소가 표시된다.

(5) 고객혜택

고객혜택은 상품구매자에게 제공하는 각종 혜택을 설정하는 기능이다.

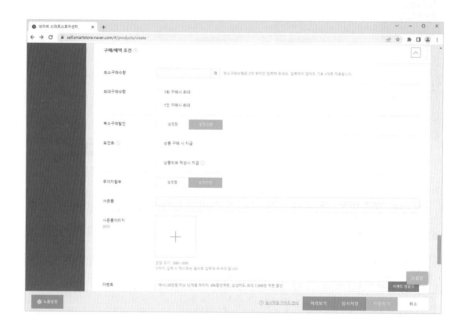

정가 대비 즉시할인 가격으로 할인을 하거나 여러 상품 구매 시 복수할인도 가능하고, 네이버 마일리지를 적용하여 할인해주거나 N stamp 지급하여 나중에 구매 시 할인 혜택을 제공할 수도 있다. 또는, 신용카드 구매자를 대상으로 무이 자할부 적용 여부를 설정하고 사은품으로 판매자가 제공하는 상품을 표시해 두기도 한다.

B. 상품일괄등록

상품일괄등록이란 개별 상품등록 대신 미리 상품등록 파일을 만들어서 한번에 많은 상품을 등록하는 방식이다. 인터넷이 연결되지 않아도 문서파일엑셀로 상품 페이지를 만들어 이용한다.

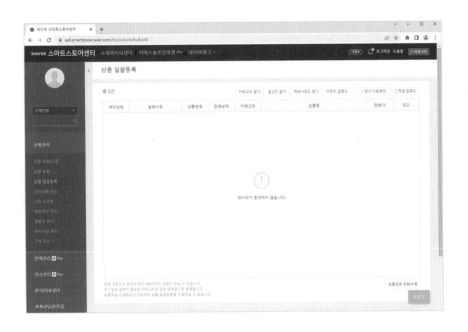

상품파일은 한 번에 업로드할 수 있으며, 추가 정보를 입력해야 하는 카테고리의 경우 '판매중지' 상태로 등록된다. 이때, 옵션/추가상품 항목은 상품정보 조회/수정 항목에서 등록 가능하다. 또한, 이미지 먼저 업로드한 후에 상품파일 업로드를 할 수 있다.

판일자중 포토/동영상리뷰 작성시 지급 포인	알림받기동의 고객 리뷰 작성 시 지급 포인트	무이자 할부 개월	사은품	판매자바코드	구매평 노출여부	구매평 비노출사유	알림받기 동의 고객 전용 여부	ISBN
비필수	비필수	비필수	비필수	비필수	비필수	조건부필수	비필수	조건부필수
500	100	6	알팔		Y		N	9156545654499

	ISBN	ISSN	독립출판	출간일	출판사	글작가	그림작가	번역자명	문화비 소득공제
기타 정보									
	조건부필수	비필수	조건부필수	조건부필수			비필수	비필수	조건부필수
	9155454654499	91345235	Y	2021-09-10	사계절	허균,허난설헌			Y
	도서 일반, 해외도서, 중고도서, e북/오디오북, 정가제free 경우 필수입력입니다. • 잡지, 정가제free 카테고리의 경우 비필수이며, 등록을 원하는 경우 입력합니다. (ISBN-13, 13자리 숫자) • 독립출판물인 경우 ISBN를 입력하지 않아도 됩니다.	잡지 카테고리에 상품등록 시 입력합니다. (8자리 숫자)	도서 일반, 해외도서, 중고도서, e북/오디오북, 정가제free 카테고리인 경우 수입력이며 아래 값 중 하나를 입력합니다. - Y(독립출판물) - N(일반출판물) • 독립출판물일 경우 ISBN을 입력하지 않아도 됩니다.	도서 카테고리인 경우 필수입력입니다. • yyyy-MM-dd 형식으로 작성하거나 셀서식을 '날짜'로 입력합니다.	도서 카테고리인 경우 필수입력입니다. 출판사명을 정확히 입력합니다.	도서 카테고리인 경우 필수입력입니다. • 최대 10명까지 등록가능하며 콤마(,)로 구분합니다. • 개 당 30자 이내로 입력합니다.	그림작가명을 정확히 입력합니다. • 최대 10명까지 등록가능하며 콤마(,)로 구분합니다. • 개 당 30자 이내로 입력합니다.	번역자명을 정확히 입력합니다. • 최대 10명까지 등록가능하며 콤마(,)로 구분합니다. • 개 당 30자 이내로 입력합니다.	도서 일반, 해외도서, 중고도서, 여행/문화>공연/티켓, e북/오디오북 카테고리인 경우 필수입력입니다. - Y(소득공제 가능) - N(소득공제 불가) • 잡지, 정가제free 카테고리는 대상이 아닙니다.

상품파일을 작성할 때는 페이지에 표시된 [엑셀양식 다운로드] 메뉴를 눌러서 내 컴퓨터에 다운로드 받는다. 이때, 엑셀양식 파일에 표시된 작성 요령에 따라 각 항목을 입력하여 파일로 만든다. 단, 취급상품에 따라 엑셀양식이 다르므로 주의하도록 하자.

[이미지 업로드]는 최대 500장까지 올릴 수 있다.

C. 상품 조회/수정

등록하는 상품 종류가 많을 경우 특정 상품을 선택하여 상품정보를 수정하거나 찾아볼 수 있는 기능이다.

상품등록일 기준으로 1년 이내의 기간을 설정하여 찾을 수 있으며, 카테고리별, 판매상태별로 찾거나 상세검색 기준을 설정하여 상품 조회가 가능하다. 이때, 조회한 상품 목록이 표시되는데, 수정하거나 복사를 하고 완료한 상품정보는 반

드시 [수정항목 저장]을 눌러서 마무리한다.

D. 카탈로그 가격관리

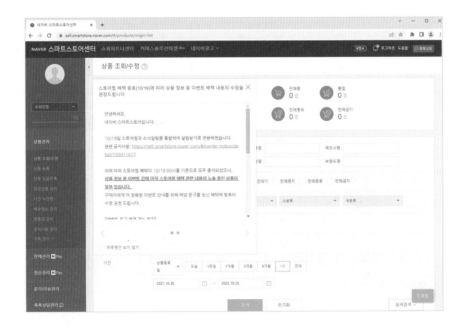

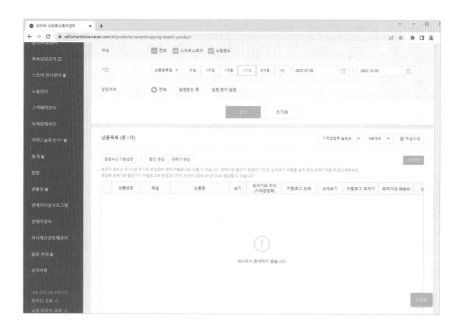

화면에서 제공되는 카탈로그 매칭 상품 기준은 '일정 기간 동안 클릭이 1회 이상 발생한 카탈로그의 상위 100개 상품에 대한 가격 정보'이다.

카탈로그에 묶여 있어도 내 상품이 상위 100개에 포함되어 있지 않으면 화면에서 조회되지 않는다.

최저가 정보는 매일 7시~22시까지 1시간마다 가격 변경이 있는 상품만 반영되며, 최저가 정보는 실시간이 아니기 때문에 현재 카탈로그 페이지 정보와 다를 수 있다.

그러므로 판매가와 할인가 변경 전에 '상세보기' 버튼을 눌러 최저가를 꼭 확인하도록 하자.

변경한 판매가와 할인가가 카탈로그에 반영되기까지 지연이 (최대 8시간 소요) 발생할 수 있다.

E. 연관 상품 조회/수정

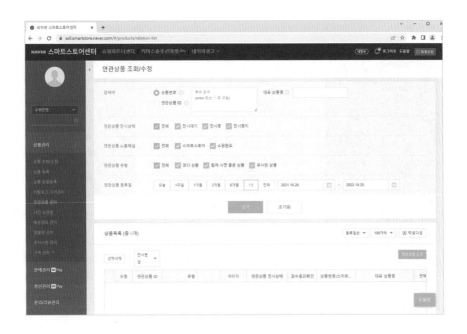

연관상품을 관리하는 화면이다. 연관상품의 전시상태는 전시대기, 전시중, 전시중지 상태로 전체 설정이 가능하며 연관상품 노출채널은 스마트스토어 및 쇼핑윈도로 구분하거나 전체 설정 가능하다.

연관상품 유형은 코디 상품, 함께 사면 좋은 상품, 유사한 상품으로 구분하거나 전체 설정 가능하다.

F. 사진보관함

스토어 멤버에게 공유되는 사진 보관함이다. 이미지 3개월간 보관된다. 사진
업로드 시 파일 개수 10개, 용량 최대 20MB 이하로 등록하도록 한다.

G. 배송정보관리

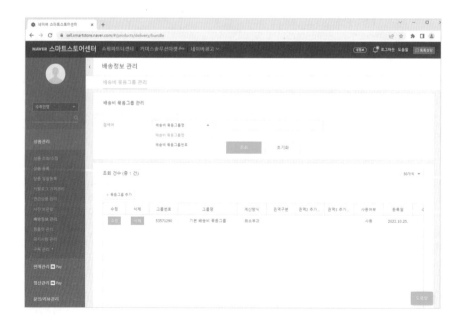

'배송비 묶음그룹 관리'에서 계산방식은 묶음상품 중 가장 작은 배송비로 부과할 것인지, 가장 큰 배송비로 부과할 것인지 설정한다. 이어서 지역별 배송비를 설정할 때 추가 배송비를 부과할 것인지 여부를 지정해야 한다. 참고로, 제주도, 도서 등지의 해당지역 조회를 통해 산출된 금액을 적용하도록 한다.

배송비 템플릿을 새롭게 추가할 때는 [템플릿 신규등록]을 사용해서 새로운 배송비 조건 설정으로 만들 수 있다. 만들어 둔 템플릿을 사용하여 상품등록 시마다 적합한 템플릿을 사용하도록 하자.

H. 공지사항 관리

쇼핑몰 방문자들에게 공지하는 내용을 담는다. 공지사항 관리와 상품별 공지사항 관리로 나뉜다.

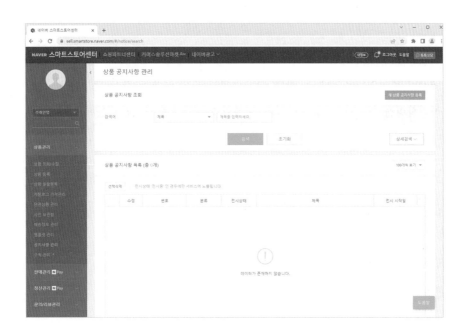

공지사항은 일반공지, 배송지연 공지, 이벤트 공지, 상품 공지로 나눌 수 있다. 공지사항을 만들 때는 [상품 공지사항등록]을 누른다. 상품 공지사항등록 시에는 공지의 종류를 구분하고 공지사항 전시 시작일과 종료 예정일을 지정하며, 중요

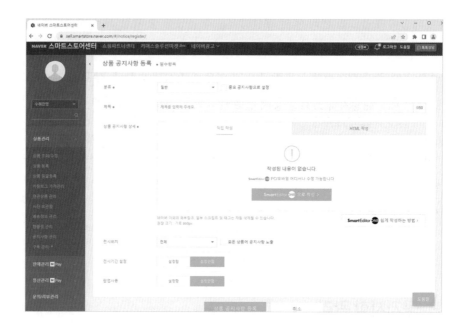

공지사항 설정 혹은 모든 상품에 공지사항 노출을 체크한다. 공지사항에는 사진 이미지이나 동영상, 지도 내용을 표시할 수 있다. 이때 만든 공지사항은 작성된 공지사항을 판매자의 스마트스토어에서 사용 가능하다.

상품별 공지사항 관리는 상품을 지정하여 공지사항을 표시하는 방법이다. 카테고리 검색이나 상품등록 카테고리 검색을 통해 상품을 지정하고, 이에 맞는 공지사항을 등록한다. 공지사항을 등록할 때는 [상품 공지사항등록]을 눌러서 내용을 작성한다.

I. 구독 관리

구독 현황을 관리하고 설정할 수 있다. 구독 진행중, 구독 종료, 구독 해지에 따라 재결제 예정 및 해지 등을 관리한다.

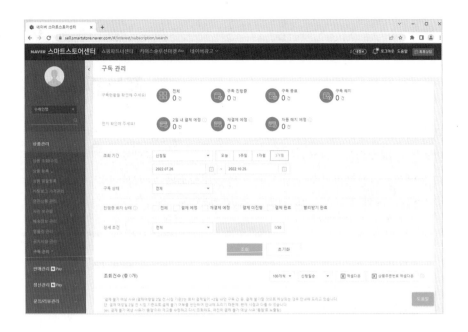

　여기까지 상품관리에 대해 살펴봤다. 스마트스토어에 상품을 등록하고
배송에 이르기까지 필요한 메뉴와 기능을 알아보면서 상품관리에 대해
숙지하도록 하자. 또한, 각 상품별 판매자가 소비자에게 전달할 내용은
공지사항 관리를 통해 전달하도록 하며 각 상품에 따라 소비자에게 어필할
수 있는 배송 조건을 달도록 하자.

판매관리

상품관리에 이어, 본 단락에서는 [판매관리]에 대해 알아보도록 한다. 판매관리는 미입금확인, 발주/발송관리, 배송현황관리, 취소관리, 반품관리, 교환관리, 구매평 관리, 고객 응대관리로 구분되는데, 앞서 [상품관리]가 소비자에게 선보일 상품을 준비하는 단계였다면 [판매관리]는 소비자와 판매자가 상품을 거래하는 단계에 대해 설명한다.

A. 주문통합검색

스마트스토어의 모든 주문건을 조회할 수 있는 통합 주문조회 메뉴다. 주문조회는 시작일~종료일 기준, 최대 1년 범위로 조회가 가능하며, 상세조건을 설정하지 않은 경우 최대 1개월까지 조회 가능하다.

주문 건을 선택하면 주문목록 하단에 주문상태에 따라 처리 가능한 버튼이 활성화 된다. 클릭 시 관련 메뉴로 이동하여 주문건 처리 가능하다. 해당 메뉴에

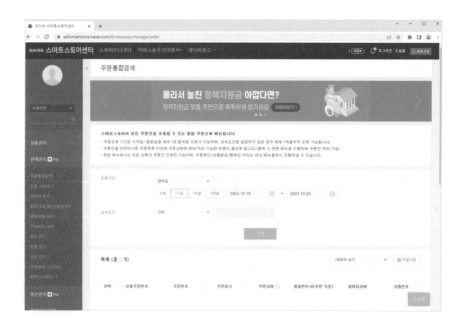

서는 모든 상태의 주문건 조회만 가능하며, 주문확인/상품발송/클레임 처리는
대상 메뉴들에서 진행할 수 있다.

B. 선물 수락대기

선물하기를 통한 주문 건으로 수신자가 선물 수락을 하지 않은 상태의 주문
건을 확인하실 수 있다.

배송상품 수락대기 : 수신자가 배송지를 입력하지 않은 상태이며 수락기한내
배송지 미입력시 주문은 자동 취소된다. 수락 기한 內 배송지를 입력하면 해당
주문 건은 발주/발송관리 메뉴로 이동된다.

그리고 주문 건을 확인한 후 발송처리를 진행하면 된다.

선물하기 주문은 구매자 결제 이후, 선물 수신자가 배송지 정보를 입력하는 형
태로 제주/도서산간지역 추가배송비가 적용되지 않는다. 구매자에게 추가 배송
비를 별도로 입금 받거나, 상품 수신자에게 착불로 추가 배송비가 지불되어야
함을 안내하는 게 필요하다.

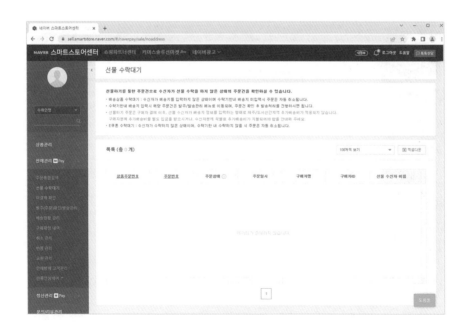

E쿠폰 수락대기 : 수신자가 수락하지 않은 상태, 수락기한 내 수락하지 않을 시 주문은 자동 취소된다.

C. 미결제확인

구매자가 나중에결제/무통장입금 또는 원천사 점검/장애 등으로 결제/입금이 완료되지 않은 주문 건을 확인할 수 있다.

구매자명(수취인명)의 연락처나 배송지 등 정보는 표시되지 않으며, 입금/결제가 완료되면 [발주/발송관리]메뉴에 신규 주문건으로 표시되어 모든 정보를 확인할 수 있다.

나중에결제/무통장입금으로 결제한 경우 주문일로부터 2영업일 내에 결제 완료되지 않을 경우 주문은 자동으로 취소된다.

원천사 점검/장애 등으로 결제한 경우 주문일시로부터 최대 1~2시간내 결제 완료되지 않을 경우 주문은 자동으로 취소된다.

D. 발주(주문)확인/발송관리

발주확인(신규 주문건 확인) 및 발송처리, 발송지연 처리를 하실 수 있다.

일반 상품의 경우 결제일로부터 3영업일 이내에 발송처리를 진행하지 않으면 페널티가 부과된다.

발송 처리가 늦어질 것으로 예상되면 하단 '발송지연 처리' 버튼을 눌러 배송 가능한 기한을 설정하자. (1회만 가능)

택배 이외에 등기/소포/퀵서비스/방문수령/직접전달한 주문도 주문목록에 서 배송정보 입력이 가능하다.

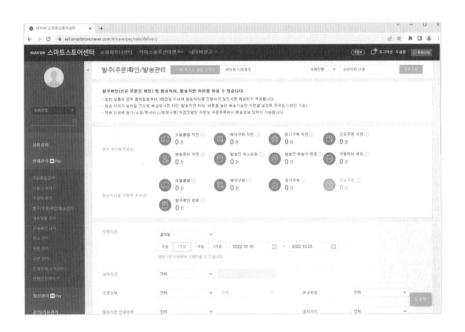

E. 배송현황 관리

발송처리 이후 배송중, 배송완료된 주문 건을 조회하거나 직접 반품 및 교환 처리를 접수할 수 있는 메뉴. 배송추적 가능 주문건은 택배사와 정보 연동을 통해 자동으로 배송완료 처리 된다. 배송상태가 업데이트 되지 않을 경우 업데이트 될때까지 기다리도록 한다.

배송추적이 불가능한 주문건(직접전달,퀵서비스 등)은 배송완료 처리되지 않으며 구매확정이 될때까지 기다려야 한다. 택배사에 반영되는 시간차 등으로 인해 정상적으로 업데이트되지 않는 배송중 문제건(문제송장)은 '배송중' 상태로 남아있다고 하더라도, 결제일로부터 28일째(출고지가 해외주소인 상품 및 예약 구매 상품의 경우 45일째) 자동으로 구매확정 처리된다.

※ 배송중 상태에서도 구매자가 직접 구매확정 할 수 있다.
해외배송 상품 주문건은 국내로 들어오는 시점에 국내택배 송장으로 수정하면 구매자에게 국내 배송현황을 제공할 수 있다.

F. 구매확정 내역

구매확정이 완료된 주문건을 확인할 수 있다. (구매확정 이후 관리자 직권취소 완료된 건 제외)

자동구매확정 기준은 배송완료 여부 및 상품속성에 따라 다르다. 배송추적이 가능하여 배송완료된 주문은 배송완료일로부터 8일째 되는 날, 배송추적이 불가한 배송업체 등 배송완료를 확인할 수 없는 주문은 발송처리일로부터 28일째 되는 날 (출고지가 해외주소인 상품 및 예약구매 상품의 경우 발송처리일로부터 45일째) 되는 날 자동구매확정 된다.

구매확정 후 +1영업일에 정산이 되며, 정산 관련 자세한 내용은 정산관리 메뉴를 참고하자.

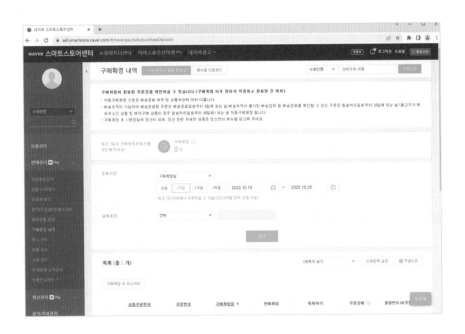

G. 취소관리

구매자가 요청한 취소 주문건에 대해 완료/거부처리를 진행할 수 있다. 발송 전 주문 건을 취소하고자 한다면 발주/발송관리 메뉴 취소처리 할 수 있다.

구매확정 완료된 주문 건을 취소하고자 한다면 구매확정 내역 메뉴에서 취소 처리 할 수 있다.

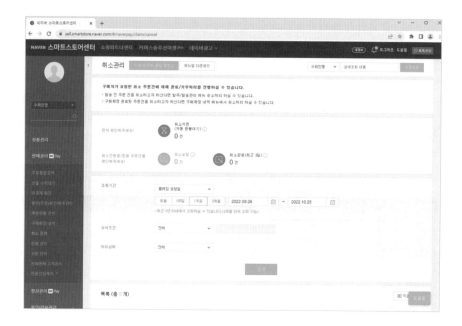

H. 반품관리

구매자가 요청한 반품 주문건에 대해 완료/거부처리를 진행할 수 있다. 판매자가 직접 반품접수 하고자 한다면 배송현황 관리 메뉴에서 처리한다.

반품요청 사유가 구매자 귀책인 경우 반품 배송비가 자동 청구되고 판매자 귀책인 경우 청구되지 않는다. 수거완료 후 +3영업일 이내 반품처리를 진행하지 않으면 페널티가 부과되므로 주의하자.

I. 교환관리

구매자가 요청한 교환 주문건에 대해 완료/거부처리를 진행할 수 있다. 판매자가 직접 교환접수 하고자 한다면 배송현황 관리 메뉴에서 처리하도록 하자. 교환 재배송 처리는 수거완료 상태일 때만 가능하니 '수거완료' 처리 후 재배송 처리를 진행해준다.

수거완료 후 +3영업일 이내 교환처리를 진행하지 않으면 페널티가 부과되므로 주의하도록 하자.

J. 판매방해 고객관리

　판매방해 고객이란, 판매자의 상품을 구매 의사 없이 반복구매 후 취소하는 등 판매활동을 방해하는 고객을 의미한다.

　판매방해 고객의 구매를 제한하기 위해서는 해당 고객ID 또는 상품 주문번호를 판매방해 고객으로 등록하면 판매자의 모든 채널에서 상품 구매가 제한된다.

　판매방해 고객 ID는 최대 1,000개 (1회 등록 시 최대 100개)까지 등록할 수 있으며, 해제를 원하는 경우 '해제하기'를 통해 리스트에서 삭제할 수 있다.

[확인사항]

　판매방해 고객으로 등록된 구매자는 해제 전까지 영구적으로 구매가 제한된다. 판매방해 고객 해제를 원하는 경우, 해당 구매자ID 또는 상품 주문번호를 선택 후 '해제하기'를 진행한다.

　판매방해 고객에서 해제되면 판매자님의 모든 상품을 구매할 수 있게 된다.

　특별한 사유없이 특정 고객의 구매를 제한할 경우 이는 구매자와의 분쟁으로 이어질 수 있으며, 잦은 분쟁 유발 시 페널티 기준에 따라 서비스 이용 제한 사유가 될 수 있으므로, 꼭 필요한 경우에 한해 사용하도록 한다.

　(ex, 리뷰 등에서 언어폭력이 아닌 단순 불만 게시글을 등록했다는 이유로 구매를 제한하는 행위 등)

K. 반품안심케어

'반품안심케어'란? 구매자가 상품을 구매한 후 반품/교환을 진행하는 경우 구매자는 무료로 반품/교환을 받을 수 있고, 판매자에게는 반품/교환에 따른 배송비를 최대 6,000원까지 보상해주는 서비스이다.

반품안심케어 상품은 고객에게 '무료 반품교환 가능'이 노출되어 상품 판매를 촉진할 수 있으며, 반품/교환 배송비 분쟁을 줄일 수 있다.

반품안심케어 비용은 상품주문번호 기준으로 건당 부과되며, 해당 주문의 주문종료(구매확정/반품완료/교환완료) 시점 정산대금에서 자동 차감된다.

반품안심케어 상품 등록은 [상품관리 > 상품 조회/수정]에서 개별 상품단위 또는 일괄로 등록할 수 있다.

반품안심케어 보상금(배송비)은 반품/교환완료일 기준으로 익월 15일 (단, 해당 일이 비영업일인 경우 전영업일)에 판매자의 정산계좌로 입금된다.

기본배송비가 3,000원을 넘는 경우 반품/교환으로 발생한 배송비 중 6,000원을 초과한 금액에 대해서는 판매자가 부담할 수 있다. 수량/구간별 배송비 선택 경우 배송비가 3,000원 이하여도, 2개 단위 이상 주문 발생시 기본배송비가 3,000원을 초과할 수 있다. 상품주문번호 당 최초 1회 6,000원까지 보상되므로, 초과 배송비에 대해서는 판매자가 부담할 수 있다.

반품안심케어 신청 조건

스마트스토어 또는 쇼핑윈도에 입점된 국내사업자(간이/개인/법인사업자)를 대상으로 한다. (국내 배송).

등록된 정산계좌가 국내 계좌이면서, 정산 지급이 정상인 경우 신청 가능하다. (정산 지급 중지 시 신청 불가). 신청 권한은 주매니저 이상부터 신청 가능하다.

반품안심케어 비용안내

반품안심케어 비용은 상품주문번호 기준으로 건당 부과된다.

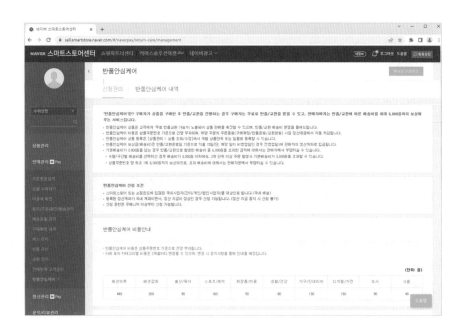

이상으로, 스마트스토어 판매관리에 대해 알아봤다. 상품을 준비하고, 구매자에게 판매하는 단계에 이어 다음 단락에서는 판매한 상품에 대해 수익을 정산받는 과정에 대해 살펴보도록 하자.

정산관리

정산관리는 스마트스토어에서 상품을 판매하고 생긴 수입을 관리하는 기능이다. 정산관리는 판매자가 받을 정산내역, 정산일 전에 누적되어 계산되는 정산예정 내역, 구매결정 유보나 사유 발생으로 인한 미정산 내역, 세금 납부에 따른 부가세신고내역은 물론, 상품 거래에서 생기는 세금계산서 내역과 은행계좌로 지급받는 수입 대신 충전금으로 지급받는 정산금에 대해 충전금 관리를 할 수 있다.

A. 정산내역

상품을 판매하고 얻는 수입금액에 대한 정산 기능에 대해 알아보자. 월별 정산내역, 건별 정산내역, 나의 수수료 항목에 따라 확인 가능하다.

일별/건별 정산내역 및 정산에서 발생한 네이버페이 주문관리 수수료 정보를 확인할 수 있다. 정산금액이 마이너스 금액이면, 마이너스 충전금으로 전환되며 다음 번 정산에서 자동으로 상계된다. 계좌이체가 실패할 경우 충전금으로 자

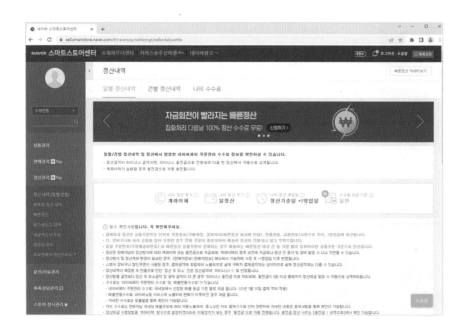

동 충전된다.

B. 항목별 정산 내역

결제대금/혜택정산(쿠폰/즉시할인 등)/공제&환급 (지정택배 반품배송비, 복수할인금액 등) 정산 세부 내역을 확인할 수 있다. 결제대금은 구매확정된 상품 주문번호별로 정산주기에 맞춰 정산된다. (빠른정산 대상 건은 집화처리 기준으로 정산된다.)

구매확정 : 구매자가 상품을 수령한 날 이후 판매자에게 구매대금을 정산해도 된다는 의사표시이며, 구매자가 구매확정 하지 않은 경우 자동구매확정 처리된다. 자동구매확정은 화면에서 자세히 보기를 클릭한다.

정산주기 : 판매자가 정산대금을 받는 주기로, 구매확정일 +1영업일이다.

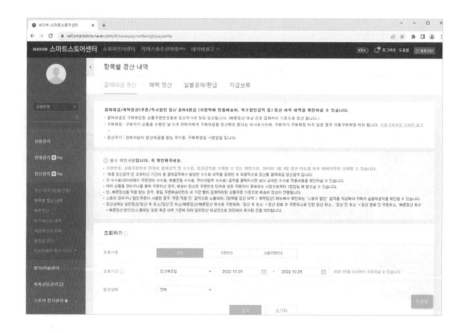

C. 빠른 정산

구매확정일까지 기다리지 않고 집화처리+1영업일에 정산받을 수 있는 서비스. 빠른정산 신청시에는 대표자 휴대전화 본인인증이 필요하며, 대표자 휴대전화 본인인증 외 기타 다른 본인인증 수단을 제공하지 않는다. (공동대표의 경우 한 사람만 본인인증 하면 된다.)

빠른정산 신청은 사업자 단위가 아닌 계정 단위이다. 여러 개의 스마트스토어를 운영할 경우 각각 신청해야 한다. 거래건수 / 반품률 / 사업자구분 승인 조건에 충족하더라도 내부 기준에 따라 승인이 거절 될 수 있다. 신청 상태 변경은 최대 월 2회 가능하다. (신청 → 신청하지않음 or 신청하지않음 → 신청). AML(고객 정보확인제도) 미이행 등의 사유로 정산중지 되었을 경우 빠른정산 대상일지라도 정산이 되지 않는다. 판매자 정보에서 계좌정보 확인 혹은 심사내역 조회메뉴에서 고객확인제도 이행 여부를 확인해두자.

집화처리일시 기준은 택배사 기준이 아닌 택배사 연동업체 (굿스플로, 스윗트래커)에서 최초로 전송해준 집화 정보를 네이버에서 인식한 일자로서, 발주발송관리의 배송추적 정보와 불일치 할 수 있다.

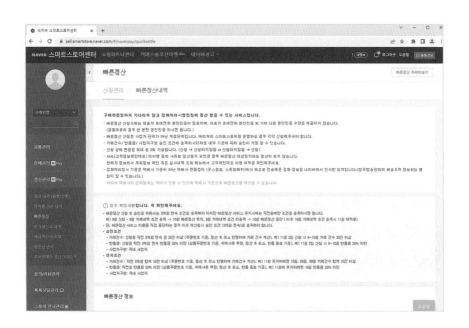

따라서 택배사의 집화일과는 차이가 있을 수 있으며 택배사 기준으로 빠른정산을 받을 수 없다.

D. 부가세신고 내역

부가세신고 시 참고할 수 있도록 내역 및 방법에 대하여 확인할 수 있다. 부가세신고는 네이버가 대행하지 않으며, 상품판매 및 매출의 주체인 판매자가 직접 신고를 진행한다. 스마트스토어 부가세신고내역은 판매자 편의를 위해 제공되는 자료이고 작성하는 자료와 차이가 있을 수 있으므로 참고자료로만 활용하도록 하자. 부가세신고 내역은 매월 3일 이내에 확인 가능한다.

E. 세금계산서 조회

판매자에게 발행된 전자세금계산서를 확인할 수 있다. 스마트스토어는 전자세금계산서를 사용하고 있으며, 판매자의 확인 여부와 관계없이 매월 국세청에 자동으로 신고된다. 출력된 계산서는 전자서명이 된 것이므로, 거래증빙 서류로 사용할 수 있다.

F. 충전금 관리

1일 1회에 한하여 '출금하기' 메뉴를 통해 출금이 가능하다. 출금요청 시 1영업일 후 입금된다.

판매대금을 정산받을 수 있는 예치금 수단인 충전금의 내역조회/금액 충전/출금 등을 할 수 있다. 판매자 충전금은 판매대금을 정산 받을 수 있는 예치금 수단이다. 충전금 최대 사용기간은 5년이며, 사용기간이 지나면 자동 소멸되므로 사용기한을 미리 확인해두도록 하자.

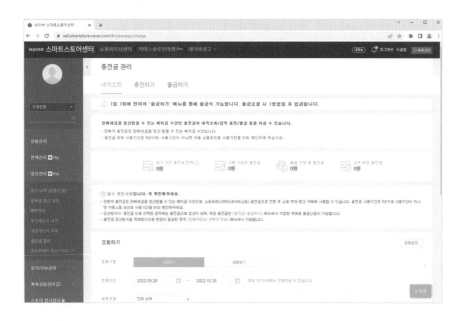

G. 초보판매자 정산가이드

네이버 스마트스토어에서는 초보 판매자를 위한 정산 안내, 가이드를 해준다. 정산 과정 설명, 정산금 받는 방법, 수수료 설명, 정산금 계산 방식, 정산관리 메뉴 설명 등, 세금 업무를 잘 모르는 초보자들이라도 스마트스토어 판매자로 성공할 수 있도록 지원하는 메뉴이다.

각 항목을 클릭해보며 정산업무에 대해 이해해두도록 하자.

문의/리뷰관리

A. 문의 관리

스마트스토어 문의내역을 관리하는 메뉴이다.

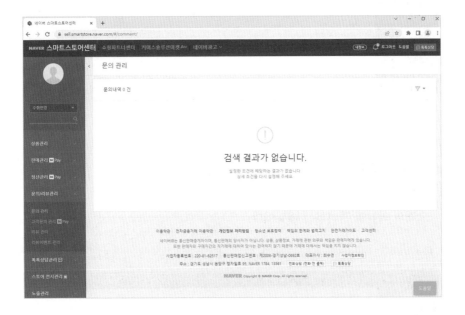

B. 고객응대 관리

고객 문의를 관리하는 기능이다. 문의내역을 클릭하면 상세 내용을 확인할 수 있다.

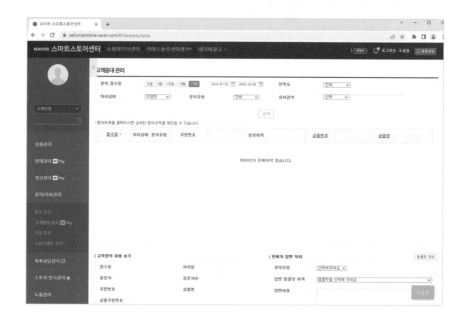

C. 리뷰 관리

고객의 리뷰를 관리하는 메뉴이다.

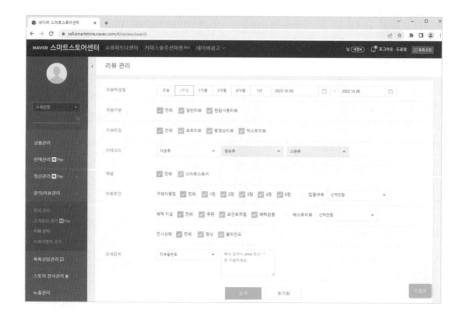

D. 리뷰이벤트 관리

고객의 리뷰 이벤트를 관리하는 메뉴이다.

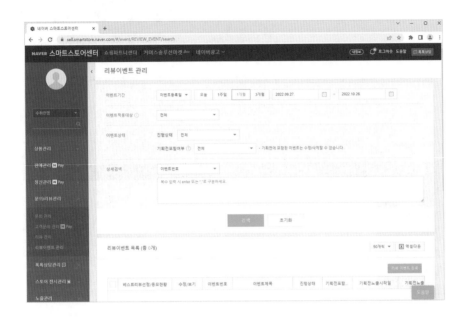

톡톡상담 관리

네이버 톡톡 상담을 관리하는 메뉴이다.

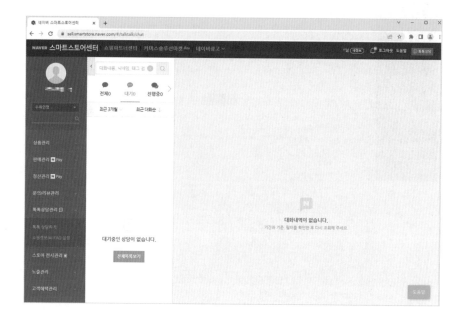

쇼핑챗봇/AI FAQ설정

스마트스토어 쇼핑챗봇 및 AI FAQ설정 기능이다.

고객응대 서비스로 활용할 수 있다.

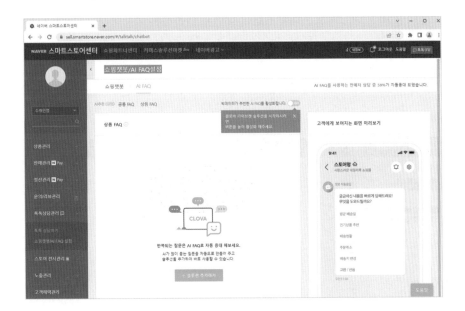

스토어전시 관리

A. 스마트스토어 관리

모바일 버전, PC 버전 스마트스토어 화면을 관리하는 기능이다. '전체보기'를 누르면 전체 화면이 표시된다.컬러 테마, 컴포넌트 등을 설정하며 화면을 관리해보자.

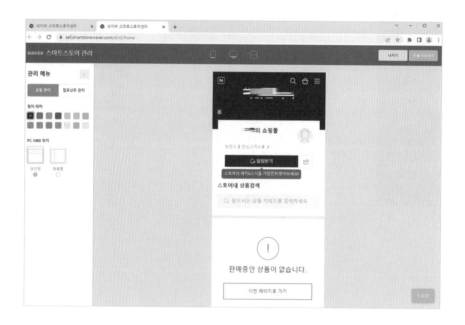

필자의 상점명은 임시로 가림처리해두었다.

B. 카테고리 관리

스마트스토어 카테고리를 관리하는 기능이다. 나만의 카테고리로 설정하거나 기본 상태로 전시한다. 이미지 전시방식, 상품유닛 요소 추가 등을 설정한다.

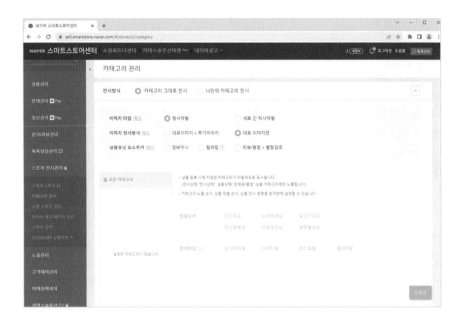

C. 쇼핑 스토리 관리

"쇼핑스토리"를 통해 스마트스토어의 새로운 소식, 현장 이야기, 상품 상세에다 보여주지 못한 이미지와 사용 정보 등을 전달할 수 있다. 스토리작성 Tip을 참고하면 이해하는데 도움된다.

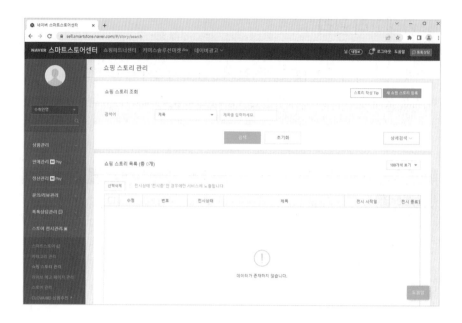

D. 라이브 예고 페이지 관리

라이브로 관리할 스토어를 선택한다. 라이브 권한을 가진 스토어만 관리가
가능하다.

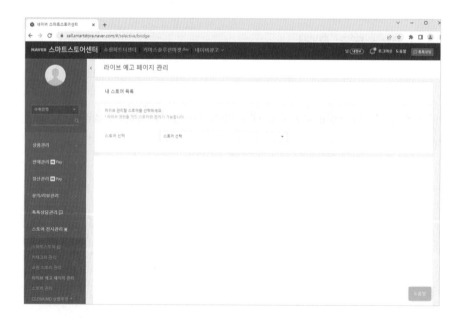

E. 스토어 관리

스토어 이름, 대표 이미지, 소개, 도메인 주소, 고객센터 연락처 등을 관리하는 기능이다. 대표 이미지는 최소 160*160 이상, 가로 세로 정비율 이미지만 등록할 수 있다.

권장사이즈는 가로 1300px이상이며, 최대 20MB까지 가능하며, 파일형식은 jpg, jpeg, gif, png만 등록이 가능하다. 이미지 신규등록수정은 담당 부서의 검수가 완료되어야 변경 된다. (영업일 기준 1~2일 소요).

스토어 대표 이미지는 스토어 프로필 화면과 네이버 쇼핑검색 시 노출 된다. 상세한 노출 위치는 도움말을 확인하자.

F. CLOVA MD(클로바 엠디)

고객 맞춤 상품추천, 함께 구매상품 추천, 비슷한 상품 추천을 하는 기능이다.

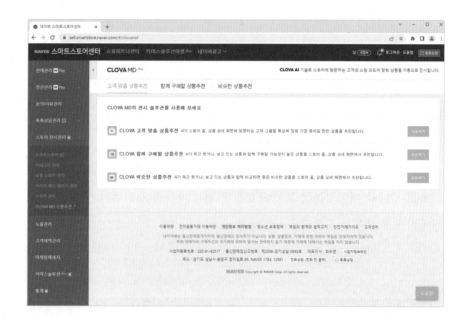

노출관리

A. 기획전 관리

스마트스토어 기획전 관리 기능이다. 기획전 기간, 카테고리, 기획전 명칭 등
으로 구분하여 관리한다.

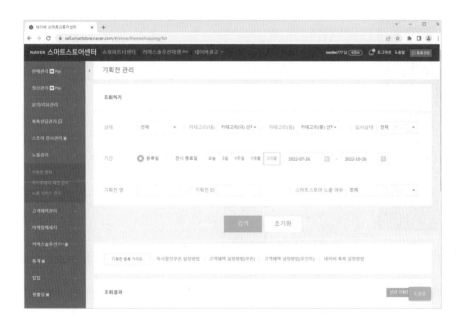

B. 럭키투데이 제안 관리

제안을 등록하면 '검수대기'로 심사 중 상태가 되고, 심사가 완료되면 '검수완료'로 변경된다. 검수 완료된 건은 상품관리에서 제안가와 동일하게 가격을 세팅해야 한다. 동일기간 내 최대 1개 상품까지 진행이 가능하다. 진행 이력이 있는 상품은 월 1회로 등록 가능하다.

월 반려 이력 2회 누적 시 30일간 등록이 정지되므로 신중하게 관리하도록 하자.

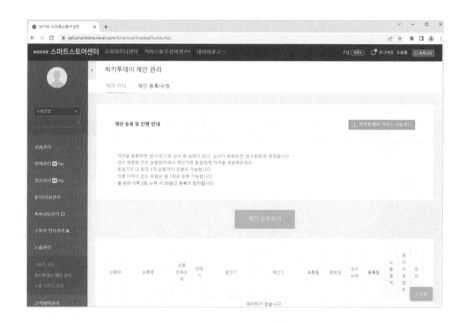

C. 노출 서비스 관리

스마트스토어/쇼핑윈도 판매 및 운영에 도움이 되는 서비스이다.

(1) 네이버 쇼핑

네이버쇼핑을 연동하면 통합검색의 네이버쇼핑 영역에 상품을 노출할 수 있다. 상품등록/수정 시 노출 설정을 할 수 있으며 네이버쇼핑을 통해 상품이 판매될 경우 2% 매출 수수료가 부과된다.

(2) 원쁠딜

1+1 구성의 핫아이템을 판매할 수 있는 핫딜 서비스로, 원쁠딜판과 다양한 노출영역을 통해 판매기회를 제공받는다. 주문 건당 5%의 매출수수료가 부과된다. (결제수수료별도)

(3) 네이버 톡톡

네이버 톡톡이 활성화 되면 스토어 화면에 톡톡 상담버튼이 노출되며, 톡톡상담관리 기능을 통해 스마트스토어 센터에서 고객상담을 할 수 있다.

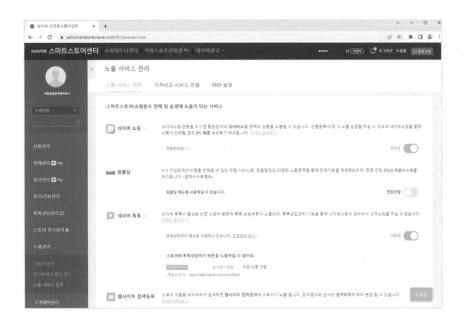

(4) 웹사이트 검색등록

스토어 이름을 네이버에서 검색하면 웹사이트 검색결과에 스토어가 노출된다. 검색결과와 순서는 검색로직에 따라 변경 될 수 있다.

(5) 네이버 풀필먼트

네이버 풀필먼트를 통해 상품 보관, 포장, 운송, 반품처리 등 통합 물류 관리 서비스를 받을 수 있다. 내 스토어에 맞는 풀필먼트 서비스를 찾아보자.

(6) 스마트플레이스

오프라인 매장을 운영하는 국내 사업자 판매자는 플레이스에 연결하면 상품이 플레이스 매장정보에 노출된다. 하나의 오프라인 매장에 쇼핑윈도, 스마트스토어 중 1개만 연결 가능하다. 쇼핑윈도는 오프라인 매장 정보를 등록 후 설정이 가능하며, 쇼핑윈도 위치 정보에도 반영된다. (브랜드관, 산지직송은 제외).

(7) 네이버TV

상품 정보에서 동영상 업로드 시, 네이버TV에 영상이 노출되고, 상품 링크가 노출 가능하다. 연결된 채널을 변경하려면 삭제 후 재연결 한다.

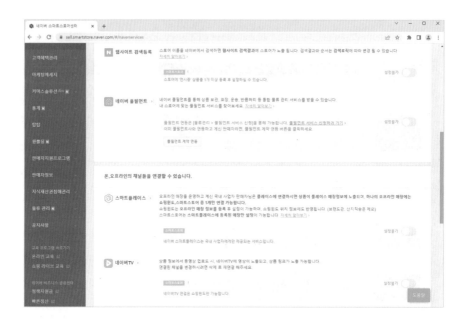

(8) Modoo!

Modoo!로 제작한 홈페이지에 스마트스토어 상품을 노출할 수 있다. Modoo! 연결은 스마트스토어만 지원한다.

(9) 그라폴리오

그라폴리오에 창작자로 등록된 판매자는 아트상품 스토어에 상품을 노출할 수 있다. 그라폴리오 연결은 스마트스토어만 가능하다.

(10) 애널리틱스

네이버 애널리틱스를 통해 스마트스토어 유입 현황을 알 수 있다. 발급 ID는 네이버 애널리틱스 > 설정 > 사이트 등록에서 발급 받을 수 있다.

고객혜택관리

A. 혜택 등록

마케팅 목적에 맞게 세분화된 타겟을 설정할 수 있다. 고객그룹 관리를 통해
그룹을 만든 경우, 그룹고객을 선택하여 혜택을 등록할 수 있다.

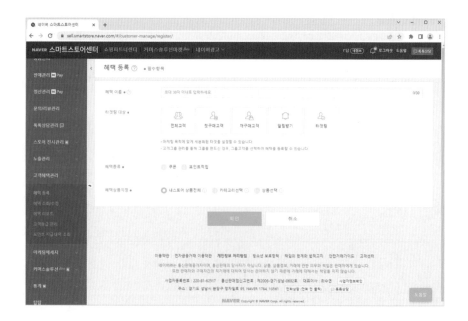

B. 혜택 조회/수정

혜택 등록 후, 조회하거나 수정할 수 있다. 2022.10.19부터 스토어찜과 소식 알림이 통합되었다.

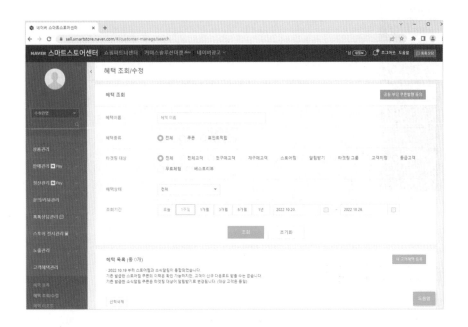

C. 혜택 리포트

혜택데이터만 조회 가능하다. 이전 데이터가 필요한 경우 고객센터로 문의하 자.

스토어 장바구니 할인과 배송비 할인 쿠폰의 사용이력은 혜택조회/수정 화면 에서 사용건수를 클릭하면 확인할 수 있다.

D. 고객등급 등록

설정된 등급은 다음 달 1일부터 적용되며, 별도 설정을 변경하지 않을 경우, 매월 1일 정오 전까지 등급 산정이 완료되어 자동으로 적용된다.

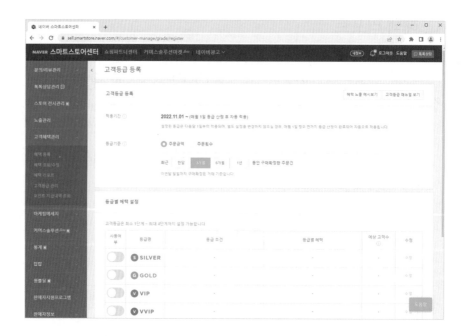

E. 포인트 지급내역 조회

포인트 지급 내역을 조회하는 기능이다.

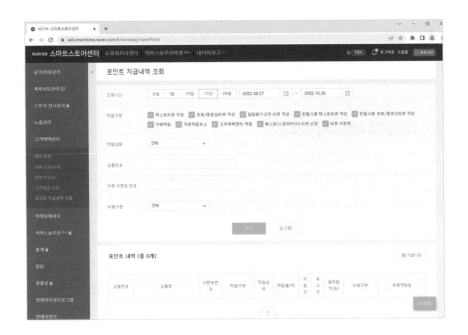

마케팅 메시지

A. 마케팅 메시지 보내기

선택한 스토어의 '알림받기'를 동의한 고객에게 메시지가 전송된다. 톡톡의 '전송 가능 수'가 있어야 발송할 수 있다. (마케팅 대상자 수보다 적을 경우, 전송 가능 수 만큼 랜덤 발송).

스토어 변경을 원하면, 선택변경 후 '스토어 확정' 버튼을 다시 누르도록 한다.

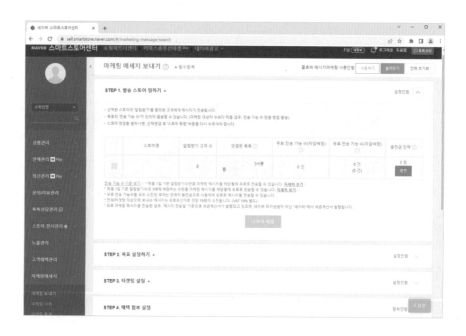

B. 마케팅 이력

지난 메시지 이력과 전송결과를 알 수 있다. 예약상태의 메세지는 '선택 삭제'를 통해 전송취소가 가능하다.

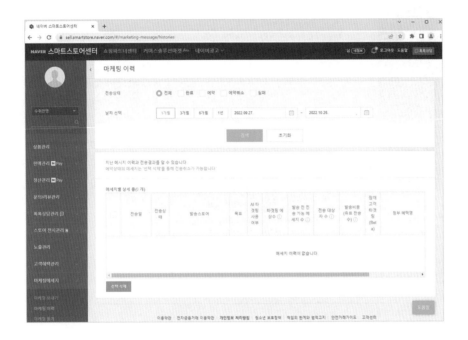

C. 마케팅 통계

메시지 현황에 대해 전송완료된 메시지의 전일자까지의 통계를 제공한다. 읽음 수, 클릭 수 및 주문 정보는 전송 완료 시점부터 최대 14일간의 통계 정보를 확인하실 수 있다.

주문 정보는 상품주문번호를 기준으로 결제 완료 상태의 주문 건수, 주문 금액을 집계한 정보이며, 취소/반품 관련 정보를 반영하지 않는다.

이전에 보내신 메시지는 혜택조회메뉴의 '메시지이력' 혹은 톡톡파트너센터에서 확인된다.

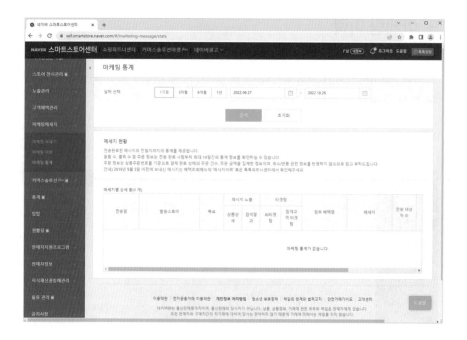

96

커머스솔루션

네이버 커머스솔루션마켓에서 내 스토어에 필요한 다양한 솔루션을 추가할 수 있다.

솔루션 목록

커머스솔루션마켓에서 추가한 솔루션들이 표시된다.

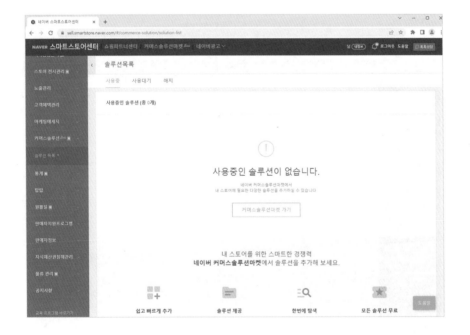

통계

A. 요약

전일 데이터는 매일 오전 8시 전에 갱신된다. 갱신 전까지 어제 지표는 0으로 노출될 수 있다. 전자상거래 요약전자상거래 분석에 꼭 필요한 정보만을 요약하여 볼 수 있다.

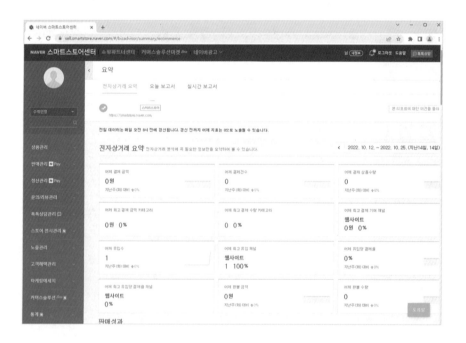

B. 판매분석

판매성과결제금액 및 환불금액 현황을 일별, 요일별로 파악해볼 수 있다. 가령, 일별 결제금액에서는 결제금액을 일별로 살펴볼 수 있으며, 7일 평균 차트를 통해 결제금액 트렌드를 살펴볼 수 있다.

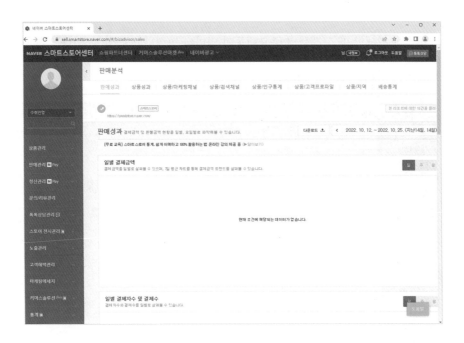

C. 마케팅분석

마케팅채널(광고 등 각종 유입수단)별 성과(유입수, 결제금액)를 유입일 기준
으로 보여준다.

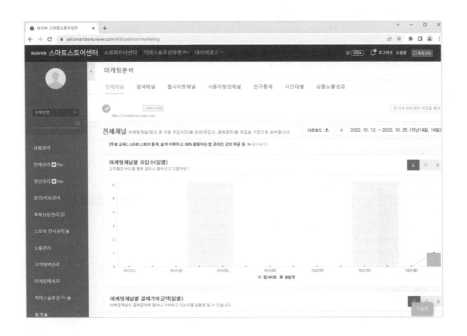

D. 쇼핑행동분석

상품을 결제할 때 고객들의 주요행동이 얼마나 일어나는지 알 수 있다.

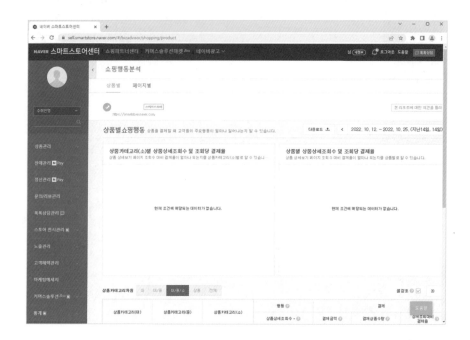

E. 시장벤치마크

내 사이트와 타 사이트그룹을 비교해 볼 수 있다.

F. 판매성과예측

과거 90일 중 결제금액이 있는 날이 81일 이상이 되어야 판매성과예측이 제공된다. 이 보고서는 과거 데이터를 바탕으로 미래의 결제금액을 예측하는 보고서로, 예측은 틀릴 수 있으니 단순 참고용으로만 사용한다. 판매성과예측미래의 판매성과를 예측하는 기능이다. (결제금액기준)

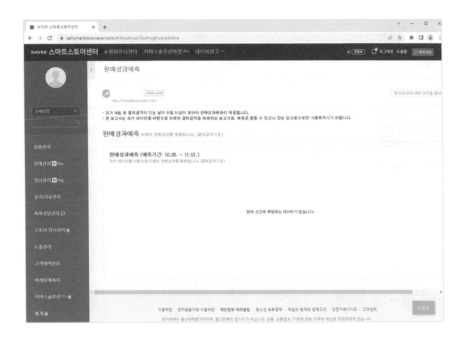

G. 고객현황

일정 기간별 고객 현황을 나타낸다.

H. 재구매 통계

재구매 통계를 나타낸다.

스마트스토어 쇼핑몰을 만들어보면서 궁금한 점이나
자신의 계획을 기록해보세요.

원쁠딜

A. 원쁠딜 소개

세상의 모든 트렌디한 핫템을 전 상품 1+1 구성 무료배송으로 제공하는 핫딜
서비스이다.

B. 제안관리

원쁠딜 '판매제안'은 원쁠딜에서 판매할 수 있는 경쟁력있는 상품을 제안하는
단계로, 제안하기 전부터 상품이 미리 등록되어 있거나 판매중일 필요는 없다.
원쁠딜은 ① 판매제안접수 ② 제안선정 ③ 소재검수완료 ④ 노출 단계로 진행
된다. 제안을 등록하면 '접수완료' 상태가 되고, 제안이 선정되면 선정완료'로,
선정되지 않으면 '제안미선정' 상태로 변경된다.

'선정완료' 상태가 되면 상품연동을 위한 '등록하러가기'가 생성된다. 소재검수를 위해 해당 상품정보를 제안 내용과 동일하게 등록/세팅하자. 제안 선정에 가장 큰 영향을 미치는 것은 '제안한 상품의 경쟁력'이다. 선정되지 않았다면 더 경쟁력 있는 조건의 상품으로 다시 제안할 수 있다.

C. 공지/FAQ

공지사항, 질문답변 관리 기능이다.

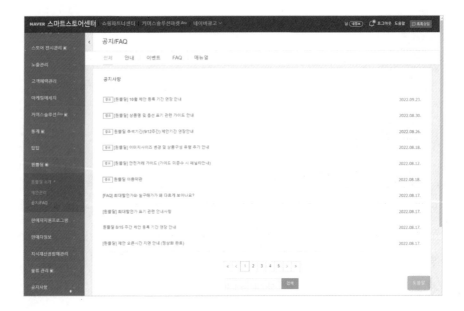

판매자 지원프로그램

스마트스토어 판매자를 위한 '스타트 제로 수수료' 및 '성장 포인트' 서비스가 있다. '스타트 제로 수수료' 프로그램이란 사업 초기 단계의 판매자에게 주문관리 수수료를 12개월간, 매출연동 수수료를 6개월간 무료로 지원한다.

신청조건

'성장 포인트'란 성장지원포인트 프로그램으로써 판매자 지원 프로그램은 사업자의 성장 단계별로 고객 마케팅과 검색광고 집행에 사용 가능한 포인트를 제공한다.

〈대상 및 지급 포인트〉

D-커머스 성장포인트는 스몰비즈니스 온라인 창업의 시작과 성장을 지원한

다. 입점 승인일로부터 1년 미만 판매자 중 최근 3개월 평균 거래액이 기준에 부합할 경우 각 단계별로 1회 지급한다. (첫 1회 한정)

백화점윈도 또는 아울렛윈도 채널을 운영하는 경우 포인트 대상에서제외된다. 풀필먼트 사용 스토어 및 API 사용 스토어는 포인트 대상에서 제외된다. (포인트 지급월 1일 기준으로 대상자가 업데이트 됨)

여기까지 네이버 스마트스토어의 각 메뉴의 종류를 알아보면서 메뉴별 기능에 대해 학습하는 과정을 거쳤다. 본 도서에 소개된 순서에 따라 하나씩 따라하다 보면 누구에게나 멋진 스마트스토어 쇼핑몰이 만들어질 것이다.

단, 본 도서 내용은 네이버 및 스마트스토어, 핀터레스트, 페이스북, 트위터(X), 팟캐스트 등, 본 도서에 소개된 내용 관련 기업이나 인터넷플랫폼의 경영상 언제든 예고없이 변경될 수 있음을 기억하자. 그러므로 본 도서에서는 각 과정을 따라하며 스마트스토어에 익숙해지는 과정으로 삼고 우선적으로라도 내 쇼핑몰을 시작하는데까지 목표로 삼아보도록 하자.

물론, 쇼핑몰을 처음 만들려는 사람은 어디서부터 시작해야 하고 어떤 기능을 알아야 하는지 모든 과정이 낯설고 어렵다. 심지어 컴포넌트, 레이아웃, 모듈 등과 같은 '처음 보고, 처음 듣는 용어' 때문에 가슴마저 답답해지며 '내가 왜 쇼핑몰을 하려고 했지?'라는 후회도 생긴다.

하지만, 그건 낯선 사람을 처음 만났을 때 생기는 어색함처럼 인터넷쇼핑몰을 만들려는 누구에게나 똑같이 생기는 '짧은 후회'라는 점을 알아 두자. 필자 역시 HTML도 몰랐으며 심지어 필자 인생에 HTML이나 인터넷쇼핑몰을 만들 일은 전혀 없을 것이라고 여기던 사람이었기 때문이다.

위와 같은 이유 때문에, 이 책을 읽는 대부분의 사람들이 생소한 용어와 익숙하지 않은 컴퓨터 사용법 때문에 '가슴답답증'을 겪었으리라 짐작할 수 있던바, 최대한 쉽게, 필자 역시 초보자의 입장에서 하나하나 쇼핑몰을 만들어가는 과정 그대로 독자들과 함께 생각하며 만들 수 있도록 내용을 구성했다.

다소 생소한 용어와 낯선 기술적 처리 같은 이해하기 어려운 부분이 등장해도 필자가 설명하며 제시한 과정대로만 따라오면 여러분에게도 근사한 쇼핑몰 하나가 생길 수 있을 것이다. 그렇게 자꾸 반복하다 보면 손에 익게 되고, 귀에 익숙하고 눈에 익은 단어가 나타난다. 이때부터는 쇼핑몰 하나쯤은 단숨에 뚝딱 하고 만들어 내는 수준에 오른다는 뜻이다.

어려운가? 어렵지 않다. 독자들의 입장에서 모든 과정을 직접 거치면서 필자가 설명하는 내용을 따라하면 네이버 쇼핑몰 스마트스토어의 판매자가 되고, 쇼핑몰을 만들고 운영하는 법에 배웠다는 걸 알 수 있을 것이다. 막연하게 생각할 때 어렵기만 했던 인터넷쇼핑몰 만들기와 운영하기가 저절로 된 것 같은 기분이 들 것이다.

단, 여기서 멈추면 안 된다. 다음 단락부터는 본격적인 쇼핑몰 홍보방법에 대해 소개하고 쇼핑몰 콘셉트에 따라 필자가 공개하는 홍보방법에 대해 알아볼 예정이다.

다시 한 번 강조하지만 쇼핑몰은 쉽다. 그래서 누구나 할 수 있다. 네이버 스마트스토어에 나만의 쇼핑몰을 만들고 홍보하는 방법까지 익혀서 누구나 성공의 무대에 올라서도록 해보자.

스마트스토어 관리

네이버 스마트스토어의 홍보방법에 대해 알아보자. 스마트스토어 판매자로서 정보관리 메뉴에 대해 숙지하고 네이버 블로그를 비롯하여 온라인에서 가능한 다양한 홍보 노하우에 대해 하나씩 배워 가도록 하자. 쇼핑몰은 만드는 게 끝이 아니라 홍보하는 게 중요하다. 온라인에서 장사를 시작한 당신이 돈을 버느냐 못 버느냐는 홍보에 달렸다고 해도 과언이 아니다.

판매자 정보

A. 판매자 정보

스마트스토어 판매자 정보를 관리하는 기능이다. 고객센터 전화번호와는 별개로, 상품의 주문현황 및 스마트스토어센터 중요 안내를 받는 담당자 정보를 입력한다.

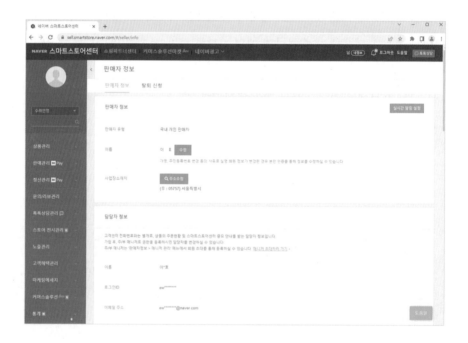

가입 후, 주/부 매니저로 권한을 등록하면 담당자를 변경할 수 있다. 주/부 매니저는 '판매자정보 〉 매니저 관리' 메뉴에서 회원 초대를 통해 등록할 수 있다.

B. 상품판매권한 신청

특정 상품 카테고리의 경우 취급 상품군에 따라 서류 제출이 반드시 필요하다. 상품 판매를 희망하는 카테고리를 선택하고, 해당하는 서류를 제출하자. 서류 제출 확인 후 완료시점 기준으로 1~2영업일 이내 상품 등록 권한이 부여된다. 해외상품판매를 희망하는 경우, 해외상품 판매약관 동의가 필요한다.

C. 심사내역 조회

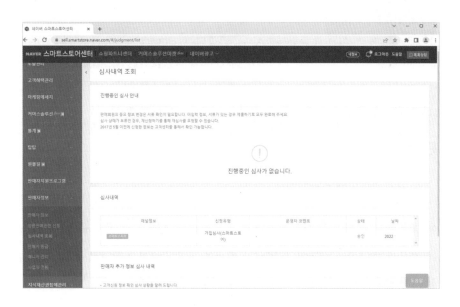

판매회원의 중요 정보 변경은 서류 확인이 필요하다. 미입력 정보, 서류가 있는 경우 제출하기로 모두 완료해야 한다. 심사 상태가 보류인 경우, 재신청하기를 통해 재심사를 요청할 수 있다. 2017년 5월 이전에 신청한 정보는 고객센터를 통해서 확인 가능하다.

D. 판매자 등급

스마트스토어에서는 구매자의 구매결정에 도움을 줄 수 있는 정보로 서비스 만족등급을 제공한다. 등급산정 기준은 아래와 같다.

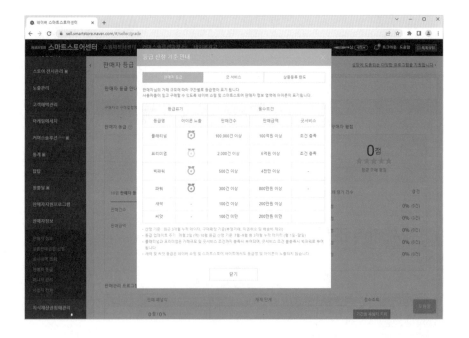

E. 매니저 관리

매니저 초대를 통해 서브 권한 매니저가 채널을 관리할 수 있다. 매니저 초대를 이용해보자. 스마트스토어센터에 로그인해서 판매 관리 활동을 할 수있도록 권한을 부여하는 기능이다. 담당자 변경은 '판매자정보 > 판매자 정보' 메뉴에서 가능하다.

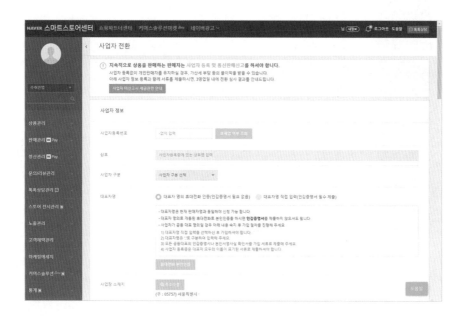

F. 사업자 전환

지속적으로 상품을 판매하는 판매자는 사업자 등록 및 통신판매신고를 해야 한다. 사업자 등록없이 개인판매자를 유지할 경우, 가산세 부담 등의 불이익을 받을 수 있다. 사업자 정보 등록과 함께 서류를 제출하면, 3영업일 내에 전환 심사 결과를 받을 수 있다.

지식재산권 침해관리

지재권신고센터를 통해 지식재산권리자가 신고하였으나 판매자가 소명을 하지 않아 판매금지된 상품 내역을 알 수 있다. '소명서제출' 버튼을 클릭하여 권리자 측에 직접 소명할 수 있으며, 권리자의 소명인정을 받을 경우 상품복구가 가능하다. 제출한 소명서는 권리자에게 전달되고, 권리자가 해당 소명서를 검토하여 승인여부를 결정한다. 권리자의 소명반려에 이의가 있는 경우 권리자와 직접 연락하여 해결하도록 한다. 소명서 제출버튼은 '소명마감일'까지만 노출되며, 마감일이 지난 경우 권리자에게 별도의 방법으로 직접 소명하여 권리자 측에서 당사로 신고취소를 접수해야 상품복구 처리된다. 신고접수일은 판매자의 신고가 지식재산권 신고센터 관리자에 의해 승인되어 상품조치된 날짜로, 권리자의 신고일과는 다를 수 있다.

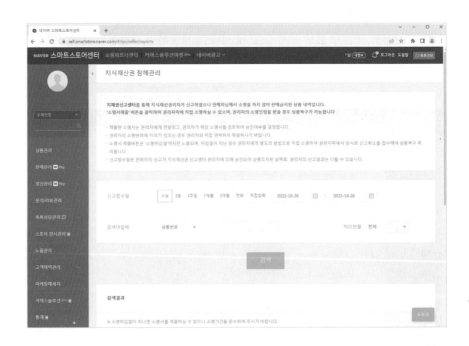

물류관리

스마트스토어 규모가 커지다보면 상품 가짓수도 늘어나고 재고 수량도 늘어난다. 이를 위해 스마트스토어 판매자의 물류 관리를 위한 서비스가 풀필먼트 서비스다.

풀필먼트 서비스 신청

다양한 물류사들과의 제휴를 통해 판매자에게 맞춤형 풀필먼트 서비스를 소개하고 있다. 스마트스토어는 판매자의 물류 고민을 해소하기 위해 신뢰할 수 있는 물류사를 모아 네이버 풀필먼트 얼라이언스(Naver Fulfillment Alliance)를 만들어가고 있다.

풀필먼트 서비스란? 풀필먼트 서비스란 판매자의 주문 이후 물류 과정을 대행해주는 서비스로, 상품 입고, 보관, 포장, 운송, 반품처리 등의 작업을 통합 관리해주는 서비스다.

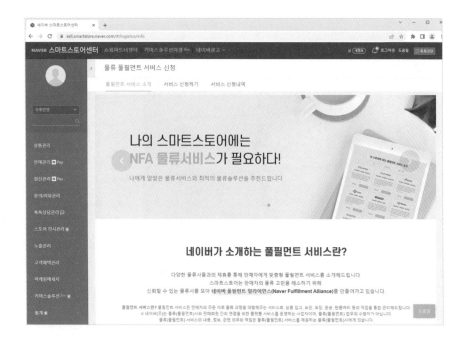

풀필먼트 서비스는 스마트스토어의 취급 상품에 따라 물류사가 다를 수 있다. 가령, 상온에서 보관한 제품인지, 냉장/냉동 제품인지, 동대문패션 제품인지, 가구 제품인지에 따라 물류사가 다를 수 있다. 판매자가 취급 상품을 선택하면 물류사 목록이 표시된다.

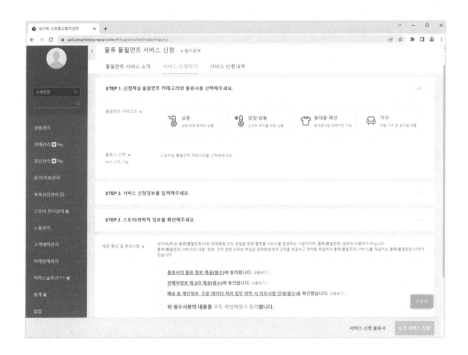

쇼핑광고센타

본 단락에서는 스마트스토어를 홍보하기 위해 네이버에서 지원하는 쇼핑광고센터에 대해 알아두도록 하자. 스마트스토어를 만들었다면 홍보를 통해 잠재 고객에게 알리는 작업이 필수적이다. 누가 알아주기를 바라기 이전에 내가 먼저 알리는 게 중요하다. 합리적인 예산으로 효율적인 광고 전략을 세워 보도록 한다

스마트스토어 관리자 화면에서 '쇼핑파트너센터', '커머스솔루션마켓', '네이버 광고'를 클릭한다.

A. 쇼핑파트너센터

네이버 쇼핑에 내 상품을 진열해 보자. 네이버 메인과 쇼핑검색 등 다양한 채널을 통해 상품을 노출하고 프로모션 할 수 있다.

(1) 네이버 검색결과에 내 상품노출이 가능하다.

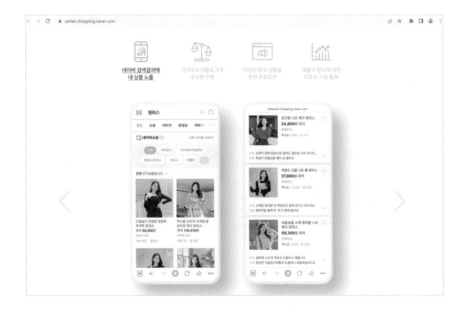

(2) 가격비교 카탈로그에 내 상품 연동이 가능하다.

(3) 다양한 광고상품을 통한 프로모션이 가능하다.

(4) 매출과 광고에 대한 리포트 기능 활용이 가능하다.

B. 커머스솔루션마켓

커머스솔루션마켓은 내 비지니스에 필요한 솔루션만 쉽고 빠르게 추가할 수 있는데 스마트스토어만을 위한 솔루션을 제공한다. 그래서 필요한 솔루션만 한 번에 탐색할 수 있다.

(1) CLOVA 라이브챗

NAVER에서 제공하며 월 사용요금 무료이다. AI 추천 질문과 답변으로 자동 고객 응대가 가능해진다.

(2) CLOVA 비슷한 상품추천

NAVER에서 제공하며 월 사용요금 무료이다. AI가 추천하는 비슷한 상품을 함께 보여주고, 판매 확률을 높여볼 수 있다.

(3) CLOVA 함께 구매할 상품추천

NAVER에서 제공하며 월 사용요금 무료이다. AI가 추천하는 함께 구매할 만한 상품을 보여주고, 판매 확률을 높여보자.

(4) CLOVA 고객 맞춤 상품추천

NAVER에서 제공하며 월 사용요금 무료이다. 스토어에 방문하는 고객 그룹별로 AI 맞춤 상품을 보여주고, 판매 확률을 높여보자.

(5) CLOVA 메시지마케팅

NAVER에서 제공하며 월 사용요금 무료이다. 추가과금 포함될 수 있다. 메시지 클릭이 더 잘 되도록 타겟대상을 선별하고 메시지 내용을 추천해 준다.

(6) 정기구독

NAVER에서 제공하며 월 사용요금 무료이다. 정기적으로 자동 결제되는 정기구독 솔루션이다. 단골고객 확보에 도움될 수 있다.

(7) 네이버엑스퍼트

NAVER에서 제공하며 월 사용요금 무료이다. `판매자를 위한 각종 상담을 해준다.세금 고민은 물론, 마케팅 상담도 가능하다.

(8) WORKPLACE

NAVER에서 제공하며 월 사용요금 무료이다. 추가과금 포함될 수 있다. 클라우드 기반의 스마트 기업 정보 시스템이다.

(9) 브랜드스토어 신제품 마케팅

NAVER에서 제공하며 월 사용요금 무료이다. 브랜드스토어를 주요 마케팅채널로 활용하여 신제품 인지도를 높이는데 도움될 수 있다.

(10) NAVER WORKS

NAVER에서 제공하며 월 사용요금 무료이다. 추가과금 포함될 수 있다. 네이버가 만든 업무용 협업 도구로 메신저, 캘린더, 주소록 기능을 제공한다.

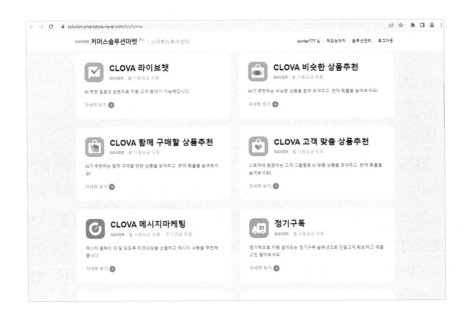

　스마트스토어센터에서 솔루션 사용을 위해서는 반드시 솔루션 추가를 해주어야 한다. 솔루션은 판매자들의 니즈에 따라 추가해서 사용하는 솔루션이고, 만약 사용을 원하지 않는다면 솔루션을 해지할 수 있다.

C. 네이버 광고

다양한 네이버 광고에 대해 알아보도록 하자.

(1) 검색광고

정보를 찾기 위해 검색하는 이용자에게 관련성이 높은 내 비즈니스 정보를 노출하여 직접적인 방문을 유도한다. 내 예산에 맞춰 광고비를 직접 설정할 수 있고, 광고 클릭수 또는 키워드 조회수를 기반으로 광고비를 지불한다. 광고시스템 내 다양한 보고서를 통해 성과를 즉시 확인할 수 있고, 프리미엄 로그분석을 통해 보다 상세한 지표분석이 가능하다. 하루 4천만 명, 대한민국에서 가장 많은 사람과 정보가 모이는 네이버에서 내 비즈니스를 홍보할 수 있다.

1) 사이트검색광고(파워링크 유형)

사이트검색광고는 네이버의 검색결과 화면과 다양한 사이트에서 노출된다. 광고주가 키워드에 적용한 입찰가와 광고 진행 중 얻은 품질지수에 의해 광고 순위가 결정되고 노출된다. 광고노출 기간 동안 클릭이 일어난 횟수에 따라 비용을 지불하는 CPC 과금 방식이다. 네이버 검색광고주로 가입한 후 새 광고시스템에 접속하여 "파워링크 유형" 캠페인을 생성하면 사이트검색광고를 등록/운영할 수 있다.

〈노출영역〉

검색 매체로서 파워링크(통합검색)/비즈사이트/모바일 검색/네이버 통합검색 등으로 네이버 통합검색을 포함하여 네이버쇼핑 및 검색파트너의 다양한 사이트에서 노출된다.

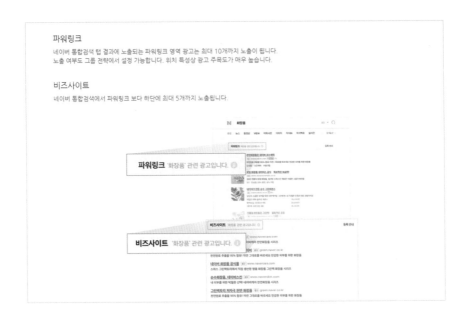

네이버 내/외부 다양한 매체의 검색 결과 페이지에, 해당 내용과 연관한 사이트검색광고가 노출된다. 네이버 통합검색 페이지와 통합검색 외 서비스 페이지, 다양한 검색 파트너사의 검색 결과 페이지가 검색 네트워크 영역에 해당되는데. 각 영역에 대한 광고 노출 여부와 입찰가 가중치를 선택할 수 있다. 또한, 콘텐츠 매체로서 네이버 지식iN/네이버 블로그/네이버 카페를 포함하여 콘텐츠 파트너들의 콘텐츠 네트워크를 통해 노출된다.

네이버와 제휴를 맺고 있는 콘텐츠 파트너 페이지에 해당 페이지 내용과 연관도가 높은 사이트 검색광고가 노출된다. 검색 네트워크와 마찬가지로 영역별 노출 여부를 택할 수 있으며, 입찰가를 직접 입력하거나 입찰가 가중치를 설정할 수 있다.

2) 쇼핑검색광고(쇼핑검색 유형)

쇼핑검색광고는 상품을 탐색하고 구매하고자 검색하는 이용자에게 광고주의 상품과 메시지를 효과적으로 홍보할 수 있는 쇼핑 특화 검색광고 상품이다. 네이버 통합검색의 쇼핑 영역과 네이버 쇼핑검색 결과 페이지에 노출되며, 다양한 콘텐츠 매체에서 더 많은 이용자를 만날 수도 있다.

쇼핑몰 상품형 : 쇼핑몰(판매처)이 직접 판매중인 상품을 홍보하는 이미지형 광고 상품

제품 카탈로그형 : 제조사 및 브랜드사가 네이버 쇼핑에 구축된 제품 카탈로그를 홍보하는 이미지형 광고 상품

쇼핑 브랜드형 : 브랜드사가 공식몰을 통해 브랜드와 제품 라인업을 홍보하는 브랜드 전용 광고 상품

쇼핑 브랜드형 : 브랜드사가 공식몰을 통해 브랜드와 제품 라인업을 홍보하는 브랜드 전용 광고 상품

노출 순위와 광고비는 광고주가 상품 단위로 적용한 '입찰가'와, 이용자가 검색한 키워드와 상품의 '연관도'에 의해 광고 순위가 결정되며, 클릭이 일어난 횟수에 따라 비용을 지불하는 CPC 과금 방식으로 산정된다.

a. 쇼핑몰 상품형 광고

광고주가 등록한 상품 정보와 이용자의 검색 니즈, 검색 후의 구매 패턴, 카테고리 등의 검색 데이터를 바탕으로 한 네이버의 검색 결과 제공 방식에 따라 노출되는데, 광고 노출 결과가 광고주의 의도에 완전히 부합하지 않을 수 있으므로 보다 사업 의도에 부합하는 광고 집행을 원하시는 경우 네이버가 제공하는 '과금된 상품 정보에 대한 과금 키워드 리스트'를 확인 후 광고 노출을 원치 않는 키워드를 제외 키워드로 등록하도록 하자.

〈광고 노출 위치 및 UI〉

네이버 통합검색 (PC/모바일) 결과 '네이버쇼핑' 영역 상단에 2개가 기본으로 노출되며, 키워드 및 노출유형에 따라 광고개수는 변화할 수 있다. 네이버 쇼핑 검색 (PC/모바일) 결과 페이지의 '상품리스트' 영역 상단 및 중간에 광고가 3개씩 기본으로 노출되며, 키워드 및 노출유형에 따라 광고개수는 변화할 수 있다. 네이버 이미지검색 (모바일/PC) 결과 페이지 상단에 기본 3개의 광고가 노출되며, 키워드 및 노출유형에 따라 광고개수는 변화할 수 있다.

광고 UI는 상품형, 키워드형, 조합형 등 다양한 형태로 노출되며 이용자 반응에 따라 추후 변경될 수 있다. 광고 시스템에서 콘텐츠 매체 노출 설정을 별도로 할 수 있으며, 전용 입찰가를 입력하거나 입찰가 가중치를 설정할 수 있다.

b. 제품 카탈로그형 광고

일반 쇼핑몰 상품이 아닌 네이버쇼핑이 구축해놓은 제품 카탈로그로 연결되는 광고 상품이다. 쇼핑몰 상품형과 동일한 방식으로 광고주가 제품 단위로 결정한 입찰가와 이용자가 검색한 키워드와 제품의 연관도 및 품질지수에 의해 광고 순

위가 결정된다.

〈대상 카테고리〉
 패션의류, 패션잡화, 식품, 출산/육아, 가구/인테리어, 스포츠/ 레저, 화장품/
미용, 생활/건강, 디지털/가전

〈대상 광고주〉
 - 카탈로그 제품의 소유권을 가진 제조사/브랜드사, 국내 독점 유통권 계약자
 - 카탈로그 제품 소유자가 승인한 '단독광고집행확인서'를 보유한 광고 집행
권한 위임자

〈광고 노출 위치 및 UI〉
 네이버 통합검색 (PC/모바일) 결과 '네이버쇼핑'영역 상단에 2개가 기본으로
노출되며, 네이버 쇼핑검색 (PC/모바일) 결과 상단 및 중간에 3개씩 노출된다.
해당 광고개수는 키워드, 노출유형에 따라 변화할 수 있다. 네이버 이미지검색
(모바일/PC) 결과 페이지 상단에 기본 3개의 광고가 노출되며, 키워드 및 노출
유형에 따라 광고개수는 변화할 수 있다.

 광고 UI는 키워드형, 상품형, 조합형 등 다양한 형태로 노출되며 이용자 반응에
따라 추후 변경될 수 있는데, 광고 시스템에서 콘텐츠 매체 노출 설정을 별도로
할 수 있으며, 전용 입찰가를 입력하거나 입찰가 가중치를 설정할 수 있다.
네이버 통합검색 및 쇼핑 지면에서 이용자가 선택한 상품과 연관된 상품을 추천
해주는 영역으로 광고UI는 추천영역에 따라 다양한 형태로 노출되며 이용자
반응에 따라 추후 변경될 수 있다.

c. 쇼핑 브랜드형 광고
 쇼핑 브랜드형은 네이버 브랜드패키지에 가입한 브랜드사의 컨텐츠와 상품을
네이버 쇼핑검색결과 페이지에 효과적으로 노출하여 브랜드와 제품라인업을
홍보할 수 있는 브랜드 전용검색광고 상품이다. 브랜드사를 위한 광고로, 브랜
드와 제품 라인업을 다양한 소재를 통해 홍보할 수 있다. 광고주가 광고 키워드에
적용한 입찰가와 해당 광고의 품질지수에 의해 광고순위가 결정되며, 광고비는
클릭이 일어난 횟수에 따라 비용을 지불하는 CPC 과금 방식으로 산정된다.

〈대상 광고주〉

　네이버쇼핑 브랜드패키지 권한을 가진 브랜드사

〈대상 카테고리〉

　순금, 상품권 등 브랜드패키지 서비스 대상이 아닌 카테고리를 제외한 모든 카테고리

〈광고 노출 위치〉

　네이버 모바일 쇼핑검색 상단 및 하단, PC 쇼핑검색 우측 상단 및 우측 하단에 광고가 게재된다. 검색결과 1페이지에만 노출되며 키워드 및 노출유형에 따라 광고 영역 및 광고 개수는 변화할 수 있다. 키워드 유형에 따라 노출 가능한 광고 영역이 상이할 수 있다.

3) 콘텐츠검색광고(파워컨텐츠 유형)

　이용자의 정보 탐색 의도가 깊은 키워드에 대해 해당 분야의 전문가인 광고주가 블로그, 포스트, 카페 등의 컨텐츠를 이용해 보다 정확하고 신뢰성 있는 정보를 제공하는 광고상품이다. 네이버 PC/모바일 통합검색 결과 페이지의 VIEW, 스마트블록 영역 및 모바일 콘텐츠 지면에 제목, 설명 등의 정보와 썸네일 이미지가

함께 노출된다. 검색 매체로 네이버/줌 PC 통합검색, 네이버/줌 모바일 통합검색, 네이버/줌 통합검색 광고 더보기 영역에 노출되고 콘텐츠 매체로 네이버 모바일 뉴스 (일반 / 연예 / 스포츠), 네이버 모바일 블로그 / 카페 / 지식in / 웹소셜 / 뿜, 네이버 PC 블로그 영역에 노출된다. 노출 순위와 과금은 광고주가 적용한 입찰가와 광고 집행 중 얻은 품질지수에 의해 광고 순위가 결정되며, 광고 노출 기간 동안 클릭이 일어난 횟수에 따라 과금되는 CPC 방식이다.

4) 브랜드검색

이용자가 브랜드 키워드 검색 시, 통합검색 결과 상단에 브랜드와 관련된 최신 콘텐츠를 텍스트, 이미지, 동영상 등을 이용하여 노출하는 상품이다. 네이버의 비즈니스 플랫폼을 이용하여, 최신 브랜드 콘텐츠로 이용자와 소통하고 브랜딩 효과를 높일 수 있다.

브랜드검색을 구매하는 광고주와 직접적으로 연관이 있는 상호명, 상품명 등의 브랜드 키워드에 한해 브랜드검색 집행이 가능하며, 브랜드 키워드가 아닌 일반 키워드로는 브랜드검색을 집행할 수 있다.

네이버 통합검색 페이지 상단 영역에, 광고주가 구매한 브랜드 키워드에 대해 1개 광고가 단독 노출된다. 광고비는 상품 유형, 광고 노출 기간(최소 7일~최대 90일), 광고 가능한 키워드의 기간 조회 수(최근 30일 조회 수) 합계에 따라 산정된다. 최소 광고비는 50만 원이다.

5) 플레이스광고(플레이스 유형)

플레이스광고는 네이버에서 원하는 장소를 찾는 이용자에게 나의 가게를 적극적으로 알릴 수 있는 네이티브 형태의 검색광고로, 이용자가 '지역+업종/업체'

또는 특정 장소를 검색 시 네이버 통합검색의 플레이스 영역 및 지도 검색 결과 상단에 광고가 노출된다. 또한, 스마트플레이스에 등록한 업체 정보를 연동하여 쉽고 빠르게 광고를 생성할 수 있다.

이용자의 지역 탐색 의도가 있는 키워드 검색 시 네이버 플레이스 영역에 광고 노출이 가능하다. 단, 광고 대상 키워드는 검색 품질 향상을 위해 이용자의 검색량/탐색의도 등을 종합적으로 고려하여 결정 및 관리된다. 단, 업체명과 같이 검색 의도 및 대상이 명확한 키워드에 대해서는 광고 노출이 제외된다.

광고비는 참여 광고수가 많은(노출 가능 광고수가 10개 이상) 검색 결과의 경우 네이버 통합검색(PC/모바일) 지면에 한해 입력하신 '광고 입찰가'와 검색 결과와 업체 정보의 '연관도'에 의해 광고 순위가 결정되며, 차순위 입찰가에 기반하여 광고비가 산정된다. 참여 광고수가 적은(노출 가능 광고수가 10개 미만) 검색 결과의 경우 노출 지면 및 입찰가와 관계없이, 모든 광고가 균등하게 랜덤 노출되며 최저가인 50원으로 고정 과금된다. 단, 참여 광고수가 많은 검색 결과라 하더라도 플레이스서비스 지면, 지도(앱/PC) 지면에 노출 되는 경우 입찰가와 관계 없이 모든 광고가 균등하게 랜덤 노출되며 최저가인 50원으로 고정 과금된다.

6) 지역소상공인광고(플레이스 유형)

네이버 콘텐츠 서비스를 이용하는 내 지역 사용자에게 노출하는 배너 광고로, 스마트플레이스에 등록한 업체 정보를 바탕으로 쉽고 빠르게 광고를 생성할 수 있다. 정보가 노출된 횟수만큼 광고비를 지불하는 지역 소상공인을 위한 노출 종량 상품이다.

오프라인 가게를 알리고 싶은 지역 소상공인이 쉽게 집행할 수 있는 광고 상품이다. 가게 오픈 소식, 이벤트 내용, 신규 메뉴 등을 알리고 싶은 경우, 주변의 잠재 고객에게 노출하여 홍보는 물론 매장 방문까지 유도할 수 있다. 플레이스 음식점, 생활편의, 학원, 스포츠/레저/체험 업종을 대상으로 하며, 이후 점차 확대될 예정이다.

광고비는 광고가 유효 노출된 횟수에 따라 과금되며, 광고비는 유효 노출 당 1원이다. (이벤트 기간엔 50% 할인, 노출 당 0.5원 적용). 여러 업체가 카드 슬라이딩 형태로 노출될 경우, 첫번째 카드에 해당하는 광고의 유효 노출에만 과금된다. (유효노출이란? 브라우저 상에 실제 사용자에게 보여진 노출).

7) 클릭초이스플러스

네이버 모바일 통합검색 페이지의 해당 업종 영역에 최대 5개 노출되고 '더 보기' 링크를 통해 추가 노출된다.

광고비는 클릭이 일어난 횟수에 따라 비용을 지불하는 CPC 방식이며, 광고주의 업체로 연결되는 클릭영역(전화 걸기, 홈페이지, 가격표 등)은 클릭당 과금으로, 그 외 영역은 과금되지 않는다.

8) 클릭초이스상품광고

네이버 모바일 통합검색 페이지 상단 영역에 최대 9개, 네이버 PC 통합검색 페이지 우측 상단 영역에 최대 8개가 노출되며 '더 보기' 링크를 통해 추가 노출이 가능하다.

단, 사용자의 검색 패턴 및 키워드에 따라 모바일 파워링크 상/하단, 쇼핑 영역 등에 유동적으로 노출될 수 있으며 등록 상품 수 등에 따라 노출되는 상품 개수 또한 달라질 수 있다.

광고비는 클릭이 일어난 횟수에 따라 비용을 지불하는 CPC 방식으로서 클릭초이스상품광고 구성 중 광고주의 업체로 연결되는 '상세보기' 버튼을 클릭할 경우에만 과금된다.

(2) 성과형 디스플레이광고

네이버 프리미엄 지면에서 보다 높은 효율을 실현할 수 있는 네이버 성과형 디스플레이 광고 플랫폼은 광고주 누구나 직접 운영하실 수 있다. 최적화된 실시간 입찰과 정교한 오디언스 타겟팅을 통해 광고 효율을 높이고 비즈니스 성과 극대화를 경험해 보자.

잠재고객의 관심사에 맞는 배너 광고를 세밀한 타겟팅 설정과 실시간 광고 입찰 기능을 제공하는 성과형 디스플레이 광고 플랫폼을 통해 스마트채널, 네이버 메인, 서브, 밴드 앱 등 프리미엄 지면에 노출해보자. 효율은 높이고 시작은 누구나 쉽게 할 수 있는 광고라고 할 수 있다.

네이버 성과형 디스플레이 광고 플랫폼은 연령, 지역, 관심사 등으로 세밀한 타겟팅을 하고, 네이버 모바일 메인, 서브 지면과 밴드에 동시 집행하며 배너, 동영상, 네이티브 이미지 등 다채로운 메시지 유형이 있으며 실시간 입찰로 광고 성과 콘트롤을 할 수 있다.

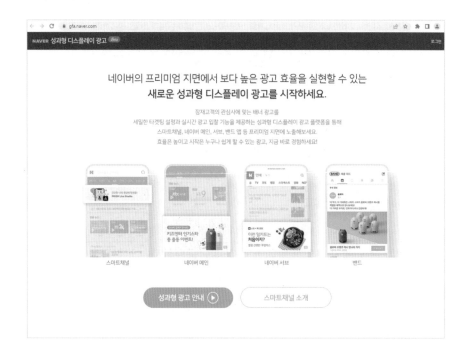

이 단락에서 소개한 광고들 외에도 '보장형 디스플레이 광고', '네이버 패밀리 광고' 등이 있으므로 자신에게 적합한 광고를 선택하도록 하자.

이상으로, 네이버 오픈마켓 무료쇼핑몰 만들기 [스마트스토어]에 대한 설명이 완료 되었다. 네이버 스마트스토어에 계정을 만들고 각 메뉴를 사용해보면서 상품이 업로드 되고 판매와 배송이 이뤄지는 전 과정에 대해 알아보는 시간을 가졌다. 뿐만 아니라, 쇼핑광고상품에 대해 소개하고 나만의 스마트스토어에 맞는 적절한 광고 전략을 세우는데 도움되도록 네이버에서 가능한 여러 광고상품에 대해서도 살펴보았다.

이어지는 단락부터는 네이버 블로그와 카페, SNS를 활용하여 스마트스토어을 홍보 하는 방법에 대해 소개하면서 소셜커머스를 넘어 이미지로 소통하는 SNS와 스마트폰 방송에 이르기까지 IT 트렌드에 맞는 아이템 사용법에 대해 알아보기로 한다.

쇼핑몰은 만들고 운영하는 기술, 노하우도 중요하지만 무엇보다도 온라인 기반 환경에서 이뤄지는 쇼핑몰에 대해 홍보하고 많은 사람들이 찾아오도록 전략을 세우고 실행하는 게 더 중요하다. 스마트스토어 홍보에 대해 알아보도록 하자.

네이버 사용자와 네이버를 방문하는
네티즌을 대상으로 나만의 쇼핑몰
[스마트스토어] 를 만들고,
상품판매, 광고, 홍보를 하는 방법에 대해
알아보도록 하자.

PART 02
네이버 스마트 스토어 무료홍보

스마트스토어를 홍보하는 방법에 대해 알아 두자. 앞서, 네이버 광고상품을 구매하여 스마트스토어를 홍보했다면 이 단락에서는 판매자가 직접 네이버 내에서 블로그와 카페, SNS를 사용해서 홍보하는 방법을 소개한다. 돈도 안 들고 무료지만 무엇보다도 적재적소에 배치하는 각 기능에 대해 숙지해야 하는 노력만은 필요하다.

또한, 블로그의 각 기능이나 카페의 서비스들은 트렌드에 따라서 시시각각 변할 수 있는 부분이다. 블로거들이 자주 사용하지 않는 서비스는 사라질 수도 있으며, 카페 멤버들에게 인기 없는 기능들은 소리 소문 없이 없어진다는 뜻이다. 그럼 어떻게 해야 할까? 맞다. 블로그와 카페 등을 자주 살펴보고 홍보에 적합한 숨어 있는 기능들을 찾아내서 이용하는 게 방법이다.

특히, 네이버의 경우, 회원가입과 동시에 누구에게나 블로그가 생긴다. 네이버 아이디가 있어 메일이나 카페를 자주 이용하는 사람일지라도 자신에게 블로그가 있는지 모르는 경우가 생기는 것이다. 그래서 본 단락에서는 네이버 블로그, 네이버 카페를 사용해서 홍보하는 방법에 대해 소개하고, 돈 안 들이고 홍보하는 아이디어에 대해 공개한다.

먼저, 스마트스토어에서 연결하는 방법을 알아두자.

TIP 네이버 블로그 방문자를 쇼핑몰로 오게 만드는 나만의 배너 링크 만들기

그럼, 스마트스토어에서 네이버 블로그 방문자를 스마트스토어로 유도하는 방법은 없을까? 블로그 글을 쓰면서 콘텐츠로 소갯글을 적거나 이미지를 블로그 글 안에 넣어 링크를 걸어 주는 방법은 이미 식상하다. 블로그에 정보 찾으러 온 방문자들이 쇼핑몰 홍보글을 보고 오히려 거북함과 불편함을 갖게 될 수도 있다.

하지만, 조금만 노력하면 보기에도 그럴듯하고 멋진 나만의 링크연결 방법이 있는데, 이에 대해 소개한다. 네이버 블로그 첫 페이지에 프롤로그 메뉴를 넣어 정보가 풍부한 블로그로 만든 다음에 해도 좋고, 블로그 콘텐츠가 만들어 가는 과정이더라도 누구나 사용 가능한 방법이다. 이 방법은 나만의 위젯을 이용해서 쇼핑몰 링크하기가 비밀이다. 하나씩 따라 해보자.

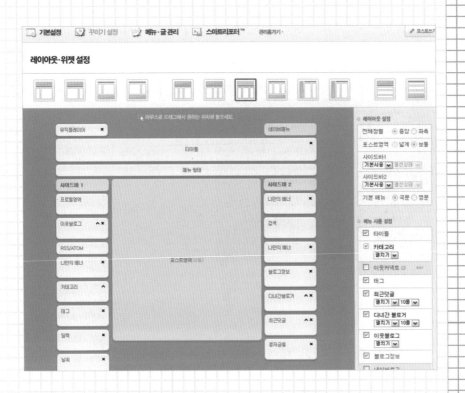

먼저 네이버 블로그 **[관리]** 메뉴로 들어간다. 관리 페이지에서 **[꾸미기]** 설정을 선택하고 이 중에 '레이아웃, 위젯 설정'을 누른다.

레이아웃 설정 페이지가 표시된다. 이곳에서 마우스를 아래로 내리면 위젯 설정 메뉴가 나온다.

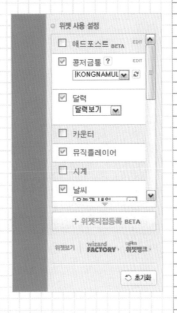

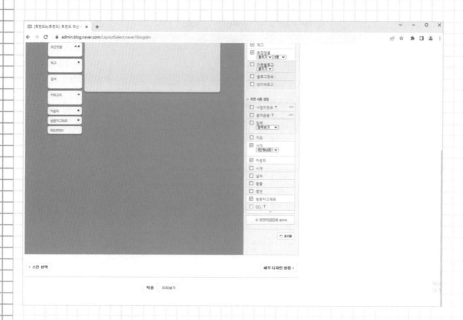

위젯직접등록을 클릭한다. 배너를 만들 수 있는 페이지가 열렸다.

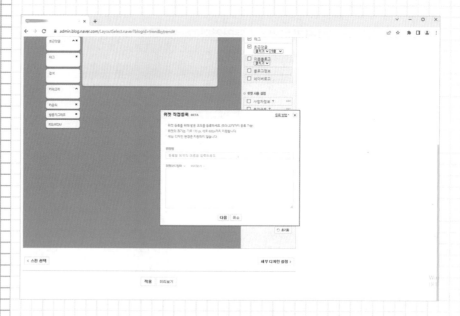

사용방법은 간단하다. 가로 170 픽셀, 세로 600 픽셀 크기의 이미지를 만들어서 내 블로그에 넣을 수 있는데, 이때 내가 원하는 사이트나 웹페이지로 링크가 가능하다. 위젯은 자유롭게 만들 수 있으므로 필요에 따라서 원하는 문구를 넣기에 부족함도 없다.

블로그에 적용하는 방법을 모르는 독자를 위해 조금 더 설명하자면, 위젯코드를

입력하라 는 표시가 나온다.

먼저, 네이버 카페를 만들면 사진게시판이 있다. 사진게시판으로 가보자.

> 🍵 네비어 카페를 만들지 못하는 분들을 위해 간단하게 설명하자면, 네이버에 로그인하고 [카페] 영역을 누르면 카페 만들기란 메뉴가 표시되는 페이지가 열린다.

이곳에서 **[카페 만들기]**란 메뉴를 누르면 네이버에 카페를 만드는 과정이 실행된다.

다시, 카페로 와서 **[카페관리]**를 누르고 관리자 페이지로 들어오면 메뉴를 관리하는 기능이 있다. 메뉴관리에서 왼쪽 영역에 메뉴 목록 중에 **[사진게시판]**이 있는데, 이를 마우스로 클릭, +를 눌러서 바로 옆 네모영역으로 옮긴다. 그리고 저장하기를 누르면 카페 화면에 사진게시판이 표시된 걸 확인할 수 있다.

카페 화면에서 왼쪽 메뉴영역에 윗부분에 **[사진게시판]**이 나타났다. 사진게시판을 클릭해서 들어간다. 글쓰기를 누르고 사진을 올린다.

네이버 블로그에 링크 연결할 이미지가 표시되었다. 이때 위젯을 클릭하면 연결할 사이트가 있다면 미리 설정해 둬야 한다.

이미지 영역을 마우스로 선택하고 메뉴에서 '링크주소'를 입력해둔다.

이미지 위에 마우스 오른쪽 버튼을 대고 눌러서 **[속성]**을 찾아 누른다. 만약, 오른쪽 버튼을 눌러도 메뉴창이 나타나지 않는다면, 카페관리 페이지에서 **[게시글 보호 설정]** 기능을 보면 **[마우스 오른쪽 클릭]**을 허용할 것인지 여부를 체크하게

되어 있는 걸 확인하고 **[속성]** 기능을 사용하기 위해 잠시만 '허용'으로 설정해 두
도록 하자. 또한 글쓰기 창에서 **[기능설정]** 메뉴 중에 마우스 오른쪽 버튼 허용을
설정하도록 한다.

　[허용] 설정 후에 저장하기
를 누르고, 다시 카페로 와서
사진게시판에 올린 이미지 위
에 마우스를 대고 오른쪽 버튼
을 눌러 속성을 누르고 **[등록
정보]**를 확인한다.

　등록정보에서 주소 영역을
마우스로 드래그 해서 영역을
설정하고 다시 마우스 오른쪽
버튼을 눌러서 **[복사]**를 한다.

　이제, 배너 페이지로 가서 방금 복사해온 주소를 붙여 넣기 한다. 배너높이는 이
미지 크기를 확인해서 정확한 높이를 기입한다.

　만약, 이미지가 제대로 표시되지 않거나 깨져서 표시되는 경우, 네이버 카페로
옮겨서 다시 이미지를 올리고 주소를 링크하도록 한다. 또는 이미지 크기가 맞게
지정되었는지 확인하고 맞춰 주도록 한다. 입력이 끝났으면 **[다음]**을 눌러서 마
무리한다.

　위 방법은 네이버 블로그 외
에 다른 블로그에서도 사용할
수 있는 방식으로 설명하였고
다소 지난 방식일 수 있다.

　다만, 과거의 방식과 비교할
수 있어서 위젯 설정에 대해
이해를 돕고자 설명해두었음
을 밝히며, 다른 방식으로는 위
젯 메뉴에서 코드를 입력하고
직접 설정하는 방식이 있다.

블로그 하단 좌측에 표시되게 한 경우

블로그 레이아웃 페이지에서 **[나만의 배너]**가 표시 된다. 이때 내가 원하는 위치에 **[나만의 배너]** 이미지를 마우스로 누르고 이동시켜서 놓은 후, 적용하기를 누르면 내 블로그에 방금 만든 배너가 표시된다.

블로그 하단 좌측에 표시되게 한 경우

나만의 배너 이미지는 JPG, PNG 또는 GIF 이미지로도 만들 수 있으므로 다양한 이미지로 표현하도록 하자.

네이버 블로그

네이버 블로그의 특성은 사용자가 직접 만들지 않아도 사용자 아이디 계정을 주소로 하는 블로그가 회원가입과 동시에 저절로 생긴다는 점이다. 단, 자신의 네이버 아이디를 사용하지 않아도 다른 단어로 표시할 수도 있다.

물론, 처음 만들어진 네이버 블로그는 지극히 단순한 형태를 갖는데, 여기에 사용자들이 각자의 취향대로 레이아웃을 하고 스킨을 설정하며 만들어 갈 수 있다. 앞서 공개한 필자의 네이버 블로그와 비교했을 때 구조가 단순한 걸 확인할 수 있다. 물론, 블로그 초보자가 자신만의 블로그를 꾸미고 만드는 건 생각만큼 쉬운 일은 아니다. 그러나 한두 번 하다 보면 손에 익고 누구나 쉽게 사용할 수 있으므로 반드시 시도해 보길 바란다. 이와 같이 네이버 블로그를 만들게 되면

네이버 검색에 노출된다는 장점이 있기 때문에 스마트스토어를 홍보할 수 있다.

A. 트래픽 대신 사람에게 홍보하라

블로그를 운영하면서 가장 부러운 점 하나를 꼽으라면 그건 바로 인플루언서, 우수 블로거를 말한다. 블로그 방문자 수가 웬만한 웹사이트 이상으로 많고, 적게는 수천 명에서 많게는 수만 명, 수십만 명에 이르기까지 온라인 세상의 인지도와 영향력이 크기 때문이다.

그래서 온라인쇼핑몰을 운영하면서 블로그를 통해 홍보할 생각을 한 사람들은 얼마 지나지 않아 파워블로거, 우수블로거가 되고자 노력하는 자신의 모습을 발견하게 된다. 간혹, 쇼핑몰 수익보다도 더 많은 블로그를 통한 광고 수익에 놀라는 경우도 생기니 말이다.

파워블로거는 진짜 인지도가 높은 것처럼 영향력이 클까? 물론, 모든 파워 블로거가 수익을 목적으로 하는 건 아니기에 블로거 인기가 수입으로 직결된다고는 말하지 못하지만, 온라인 세상에서 파워블로거가 올리는 상품후기, 상품추천 글 하나는 값비싼 인터넷 배너광고보다도 더 큰 영향력을 갖기도 하니 크게 틀린 말은 아니라고 하겠다.

필자 역시 파워블로거 생활을 해봤지만 많은 사람들이 생각하는 것처럼 파워블로거들의 생활은 여유롭고 부러워할 만한 대상이 되는 건 아니다. 일과 시간 많은 부분을 할애해서 블로그에 매달려야 하고 방문자 관리, 댓글 관리, 새로 나온 정보 관리, 상품 사용해 보고 후기 남기기 등 해야 할 일들이 한두 가지가 아닌 경우가 많다. 블로그 하나로 높은 수익을 올리는 게 아니라 블로그라는 사이트를 만들어 홍보하면서 광고를 유치하고 얻는 수익의 형태만 달라진 셈이기 때문이다.

그럼, 파워블로거, 우수블로거들처럼 인기 블로거가 되려면 어떻게 해야 할까?

스마트스토어를 홍보하려고 관련 상품정보를 올리기 위해 블로그를 만들었으니 이왕이면 많은 수의 방문자들이 올수록 홍보도 잘 되고, 그러다 보면 매출도 쑥쑥 커질 것이기 때문이다.

이번 단락에서는 블로그를 통한 홍보 방법에 대해 알아보자. 블로그 첫 페이지에 만드는 배너 링크 홍보가 아니라 블로그 글을 작성하면서 방문자들과 소통하는 법에 대해서 말이다. 그리고 동영상이나 사진, 이미지 등을 블로그에 담고 이를 통해 다른 사람들에게 어필하는 방법도 알아보도록 한다. 트래픽이 중요한 게 아니라 결국 사람이기 때문이다.

1) 동영상 활용하기

네이버 블로그에 동영상 넣는 방법은 간단하다. 네이버 블로그 '글쓰기'를 누르면 글쓰기 창이 열린다.

글쓰기 창 위에 **[동영상]** 메뉴를 클릭하면 동영상 파일 업로드 기능이 실행되고, 자신이 원하는 동영상을 선택해서 올리기를 선택하면 된다.

파일이 업로드 되고, 동영상 첫 화면으로 사용할 대표 이미지를 선택하게 되는데, 이로써 올리기 완료가 된다. 동영상을 올린 다음엔 글 제목과 본문을 작성하고, 여기에 어울리는 키워드를 선택해서 [태그 달기]에 넣는다.

네이버 블로그에 동영상을 올렸다. 블로그에 홍보를 시작한 셈이다. 블로그를 찾는 방문자들은 필자가 올린 동영상을 보고 스마트스토어에서 판매 중인 상품이란 걸 알게 된다.

한 가지, 네이버 블로그에 이미지 넣을 때 파일 이름이 중요하다는 점을 알아야 한다. 가령, 블로그에 글을 쓰는 건 네이버 검색에서 검색결과 페이지에 노출되는 효과가 있는데, 따라서 동영상 검색결과로 노출되기 원

한다면 동영상 파일 이름을 블로그에 올리기 이전에 자신이 원하는 키워드를 사용해서 이름을 정해 둔다. 가령, 동영상 촬영 스트로보 초저가 판매는 내용을 담는 식이다. 동영상 파일 이름을 이렇게 정하면 네이버에서 동영상 검색 결과 목록에 노출될 가능성이 더 높아진다.

다른 방법으로 간단하게 동영상을 편집한 후에 올리는 방법이다.

동영상을 좌우 대칭, 회전, 밝기 조절 등을 통해 원하는 형태로 만들 수 있다. 해당 동영상파일에 액자 효과를 주거나 타이틀 자막을 넣어 내용을 표시할 수도 있는데, 각 효과 기능은 마음에 들지 않으면 '실행취소'를 눌러서 원본 그대로 올리기도 가능하다.

> 🖥 웹캠 촬영이란 컴퓨터에 연결된 웹카메라를 사용하여 동영상을 녹화해서 파일을 만들고, 그 동영상을 편집해서 블로그에 올리는 기능이다.

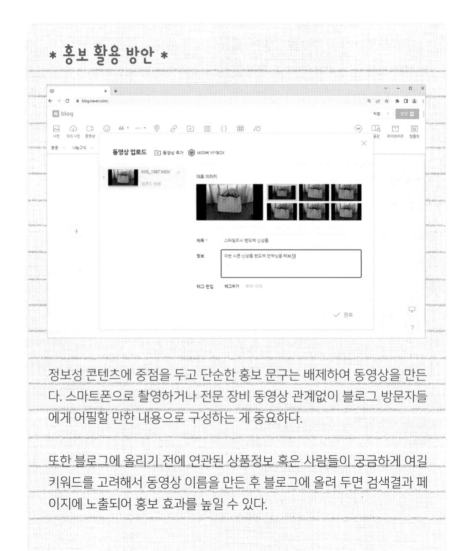

정보성 콘텐츠에 중점을 두고 단순한 홍보 문구는 배제하여 동영상을 만든다. 스마트폰으로 촬영하거나 전문 장비 동영상 관계없이 블로그 방문자들에게 어필할 만한 내용으로 구성하는 게 중요하다.

또한 블로그에 올리기 전에 연관된 상품정보 혹은 사람들이 궁금하게 여길 키워드를 고려해서 동영상 이름을 만든 후 블로그에 올려 두면 검색결과 페이지에 노출되어 홍보 효과를 높일 수 있다.

2) 이미지 활용하기

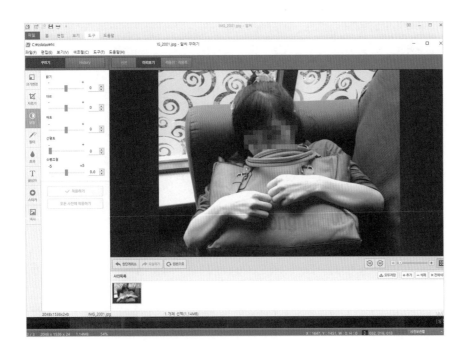

네이버 블로그에 이미지를 올리고, 텍스트 문구와 더불어 효과를 높이는 방안이다. 이미지를 간단하게 편집하는 방법은 이미지 프로그램으로 알씨, 그림판 등의 소프트웨어를 사용 가능하다.

[알씨] 프로그램은 무료로 누구나 다운로드 받을 수 있으며, 이미지를 불러와서 꾸미기를 통해 다양한 효과를 낼 수 있다.

[그림판] 프로그램은 윈도우 기반 컴퓨터를 사용하는 사람이라면 누구에게나 무료로 설치된 프로그램으로써 [시작] 〉 [보조프로그램] 〉 [그림판]을 누르면 실행된다. 이미지 위에 선 긋기, 영역 제거하기 등은 물론이고, 파일 형태를 다른 파일 확장자로 변경할 수도 있으며 이미지 위에 색상별로 글씨를 넣을 수도 있다.

* 홍보 활용 방안 *

블로그 내용에 이미지를 넣는 것은 텍스트 콘텐츠와 더불어 배합이 어울리며 방문자들이 글을 읽는데도 도움이 된다. 텍스트 위주로 딱딱한 느낌의 글보다는 중간 중간에 이미지를 넣어 훨씬 부드럽고 전달력이 좋은 내용을 작성하게 되는 것이다.

이미지는 상품상세 이미지를 활용해서 정보성 콘텐츠로 만들기를 추천한다. 제목 또한 필자의 글 제목의 예와 같이 사람 들에게 필요한 정보형태의 제목이 좋다.

3) 댓글

블로그 댓글은 블로거와 방문자의 나누는 인사와 같다. 이메일이나 문자와는 또 다른 의미가 있는데, 블로거가 올린 글이나 이미지, 동영상을 보고 댓글을 남기는 사람은 블로거가 자신의 글에 답글을 남겨 주길 기대하는 마음이 강하다. 설명하자면, 하루에 블로그를 찾아오는 수많은 사람들 중에 블로거가 올린 글에 대해 관심을 보이며 댓글을 남긴다는 그 행동 자체가 블로거와 친해질 수 있는 가능성을 열어 두는 것과 같다.

* 홍보 활용 방안 *

댓글 홍보는 방문자, 즉 상대방에 대한 애정이나 인식이다. 따라서 소홀히 대할 무의미한 관계가 아니라 개개인이 오프라인에서 만나서 인사하듯 철저한 상대방 인사를 나눠야 하는 존재다.

댓글을 남기는 블로거들은 우선 자신의 글에 대해 관심을 가져 준 사람들이 고맙고 감사하다. 이런 점을 충분히 표현하고 상대방의 활동이나 상대방 블로그에 관심을 가져 주도록 한다. 상대방의 블로그에 들러 올라온 글이나 사진, 동영상을 보고 댓글을 남겨 주는 걸 빼놓지 않도록 주의한다.

댓글을 넘기는 사람들에게 구태여 당신이 운영하는 스마트스토어 쇼핑몰을 알리려고 노력할 필요는 없다. 이미 그들은 당신의 블로그에 대해 샅샅이 훑어본 다음 일 경우가 대부분이다. 그들이 댓글을 남긴 당신 블로그의 콘텐츠는 그들이 가장 무난하다고 여기는 내용이기 때문이다. 상대방의 글이나 이미지, 동영상을 보고 자신의 의견을 솔직담백하게 표현하는 사람은 거의 없다. 그것도 온라인에서만 인사를 나눈 사이라면 더욱 조심하게 되기 마련이니까 말이다.

유독 한 개의 글에만 댓글이 많이 달렸다고 이상하게 생각할 필요는 없다. 그들 중 대다수는 다른 이가 달아 둔 댓글을 보고 여기에 인사말을 남겨도 될 것이란 판단에 댓글을 쓴 경우가 있으며, 자신이 보기에 자신도 좋아하는 내용 이라서 댓글을 남기게 된 경우다.

바꿔 말하면, 당신의 블로그에 찾아오는 사람들이 좋아하는 콘텐츠가 드러났다는 뜻이다. 어떻게 해야 하겠는가? 블로그에 찾아오는 손님들(어쩌면, 미래의 구매자)을 위해 그들이 원하고 좋아하는 콘텐츠를 더 많이 올려야 한다. 당신이 좋아하는 콘텐츠가 아니라 댓글을 남겨 주고 관심을 표현해 주는 사람들이 좋아하는 콘텐츠를 보강해야 한다는 뜻이다.

물론, 오프라인에서 만남을 이어가는 경우도 적진 않지만 댓글만으로도 온라인상에서 인사를 나누며 인맥을 넓혀 가는 관계가 형성된다. 이들은 나중에 스마트스토어에 들러 조언을 아낌없이 주기도 하고 자신이 직접 구매자가 되어 쇼핑을 즐기기도 한다.

모니터를 통해 나눈 작은 한 줄 문구로 인해 큰 비즈니스로 연결되는 경우도 없진 않지만 그보다 더 값진 것은 블로거인 당신에게 관심을 갖기 시작한 사람들이 나타났다는 점이다. 작은 관심에서 시작한 사람들이 당신이 하는 일에 대해, 운영하는 스마트스토어에 대해 말없는 홍보자가 되어 다른 이들에게도 소문을 내준다.

4) 텍스트 포스팅 전략

블로그에 포스트 쓰기, 즉 텍스트 문구를 사용해서 포스팅을 할 때는 이웃, 서로이웃 관계의 블로거들에게 전달되는 것을 염두에 두고 써야 한다. 카페, 블로그 가져가기 설정 역시 허용으로 하고 글을 쓴다.

물론, 남의 글을 인용하거나 스크랩해서 붙여 넣는 수준이 아니라 온전히 블로거 자기가 만드는 글이어야 하는데 연예인 글, 시의성 높은 글을 중심으로 A4용지 반 이상으로 꾸미되, 글 중간 중간에 이미지 한 개 이상을 반드시 넣고 이미지명은 인기키워드 스마트스토어와 연관될수록 좋다.

* 홍보 활용 방안 *

블로그 텍스트 내용은 4가지 규칙을 지켜야 한다. 시의성, 정보성, 간결성, 속보성을 말하는데, 시의성이란 블로그에 글을 올리는 시기상으로 사람들이 궁금하게 여기는 내용인지 확인해야 한다는 뜻이며, 정보성이란 사람들에게 도움되는 정보여야 한다는 의미이고, 간결성이란 너무 긴 문장을 써서 읽는 사람들이 복잡하게 하지 말고 간단하고 명료하게 읽기 쉽도록 써야하며, 속보 성이란 실시간은 아니더라도 필요한 정보를 빠르게 올려야 한다는 뜻으로 풀이한다.

이들 4가지 중에서도 중요한 부분은 바로 정보와 시의성인데, 블로그의 시작 자체가 1인 미디어인 점을 감안, 사용자들에겐 블로그란 신문이나 잡지, 방송 뉴스에서도 듣기 어려운 전문적인 정보를 쉽게 풀이해 주고 답을 주는 콘텐츠 와 같기 때문이다.

따라서 블로그 내용을 홍보성, 광고성 내용 위주로 만드는 것은 절대 금물이며, 반드시 블로그 운영자 입장이 아니라 블로그 방문자 입장에서 필요한 정보를 담도록 해야 한다.

쇼핑몰의 내용과 블로그의 정보성과의 연관성을 찾기란 어렵지 않다. 예를 들어, 판매 중인 상품들 가운데 전자제품이 있다고 생각하자. 이 경우, 전자 제품의 성능과 가격, 브랜드를 홍보하는 것은 금물이다. 누구나 다 아는 내용이기도 하고, 사람들이 검색할 때 키워드로 사용하는 내용들도 아니다. 브랜드, 성능, 가격은 누구나 다 아는 내용이므로 구태여 블로그에 와서 얻으려고 하지도 않는다.

그럼, 전자제품을 판매하는 쇼핑몰은 블로그에 어떤 내용을 담아야 할까? 그건 바로 IT기술의 트렌드, 전자제품을 만든 회사 CEO의 경영철학, 해당 전자제품으로 가능한 일들 중에 일상생활에서 겪은 새로운 경험 등이다.

설명하자면, 3D TV들이 새롭게 출시되었다고 하자. 그러면 가격이냐 브랜드, 성능을 다루는 매체들 기사가 쏟아진다. 해당 제품을 만드는 홍보마케팅 부서에서 풀어놓는 보도자료에도 이와 관련된 내용들이 대부분이다. 사람들이 그 순간 정보의 홍수 속에 살아간다는 뜻이다. 이럴 때, 블로거는 해당 전자제품 의 CEO를 눈여겨보거나 3D TV 다음의 기술이나 해외 판매상황 등을 검색해서 자료로 만들어야 한다. 또한 성능을 체크하면서 3D TV 시청용이 아니라 다른 용도로도 사용할 수 없는지 상상력을 발휘해서 실제 찾아봐야 한다.

정리하면 이렇다.

이슈ISSUE를 단순히 팔로우FOLLOW 하는 게 아니라 이슈 옆에서 동행ACCOMPANY 해야 한다는 의미다.

청바지를 파는가? 그렇다면, 세계적으로 유명한 CEO들의 청바지 입는 습관을 조사하고 블로그에 담자. 가격이 싼 청바지, 품질이 튼튼한 청바지, 스타 모델이 홍보하는 청바지는 블로그 이야깃거리가 아니다. 이미 사람들이 아는 이야기는 정보가 아니다. 스마트스토어에 사람들이 오게 하는 방법은 이슈에 매달릴 게 아니라 이슈를 재창조RE-CREATE해야 한다.

스마트스토어에서 구두를 파는가? 유행하는 인기 상품이니까 트렌드에 뒤쳐지지 않으려면 사둬야 한다고 사람들을 다그치지 말자. 구두와 건강에 대해 얘기하고, 하이힐을 신는 사람들에게 필요한 건강지압 방식이나 발 건강에 대해 이야기하자. 사람들은 당신의 지식에 전문성이라는 이미지를 얹고 블로그를 통해 당신의 스마트스토어로 이동할 것이다.

B. 네이버에선 '의견'이 아니라 '정보'가 필요하다

블로거들은 키보드워리어Keyboard Warrior가 아니다. 인터넷을 접하다 보면 특정 기사나 다른 사람의 의견에 댓글을 악의적으로 다는 사람들이 상당히 많은 걸 보게 된다. 도대체 저 사람들은 뭐하는 사람들이기에 한 번도 본 적 없는 누군가에게 악의적 험담을 늘어놓고 어디에선가 혼자 낄낄거리거나 분노에 찬 얼굴로 지낼 것인지 궁금하게 된다.

그래서 블로거는 키보드워리어가 아니다. 댓글로 누군가와 언쟁을 높이듯 반박의견을 붙여 가며 싸울 필요가 없다. 특히, 스마트스토어의 판매자라면 고객과 싸우는 일 만큼은 어떠한 경우라도 피해야 한다. 그래서 모든 고객을 내 편으로 만들어야 한다.

생각해 보자. 당신이 아는 가게들이 많은데, 당신은 유독 A 가게는 가고 싶고, B 가게엔 가고 싶어 하지 않는다. 왜 그런가? 심지어, B 가게에서 가격을 싸게 팔고 집에서 가까운 곳에 있음에도 당신은 구태여 A 가게에 가기 위해 걸어가는 수고도 마다하지 않는다.

그 이유는 단 한 가지, 당신이 B 가게의 사람 누구와 사이가 안 좋기 때문이다. 당신은 친구나 가족이 B 가게에 가려고 하면 앞장서서 말리는 일도 할 것이고, 알게 모르게 B 가게에 대한 험담도 할 것이다. 모든 일의 시작은 당신에게 무례하게 대한 B 가게 사람들 때문이란 걸 숨기고 다른 사람들이 B 가게에 가지 못하도록 뜯어말리는 일도 서슴지 않을 것이다.

당신의 스마트스토어 쇼핑몰도 똑같다. 당신이 홍보를 시작하면서 만나게 될 모든 이들에게 정보를 제공하고, 제공하며, 또 제공해야 한다. 단, 무료 상품이나 가격할인을 얘기하는 게 아니다.

당신이 판매자라는 사실을 알게 되는 누군가가 생긴다면 그에게 인사하고, SNS로 소통하며, 고민을 들어주고 상담해주며 변하지 않고 친절해야 한다.

유능한 사업가는 고객과 싸우지 않는다. 고객은 무조건 옳다는 표어를 사무실 자기 자리 앞에 붙여 둔 사람도 많다. 그 사람이 부족해서, 잘 모르고 어리석어서 그런 행동을 하는 게 아니다. 사업가로서 고객에게 당연히 해야 할 서비스이기 때문이다. 사업가는 상품만 파는 게 아니라 자신의 이미지와 회사의 이미지, 서비스를 모두 판다.

판매자도 똑같다. 가격이 싼 상품을 파는 게 아니라 합리적이고 좋은 가격에 파는 상품을 가져갈 사람들과 만나는 직업이다. 사람들과 만나고 그 만남을 이어가는 직업이 스마트스토어다.

C. 초보블로거를 대우하라

블로거는 누구나 초보 시절이 있다. 그래서 초보 시절엔 블로그 활동이 활발하고 다른 사람들 블로그에 방문이 많아진다. 남들은 어떻게 블로그를 운영하고 있을지 방문해서 찾아보고, 자신의 블로그에 적용하기 위함이다.

초보블로거들의 특징은 안부메시지, 댓글을 통해 블로거에게 인사말을 남기는 것으로 시작한다. 좋은 정보 잘 봤습니다 라던가 블로그 정말 알차게 만드셨네요 라는 인사말을 남기고 이어서 '제 블로그에도 놀러 와 주세요'라는 부탁을 남긴다. 블로그 콘텐츠로 검색페이지를 통해 승부를 겨루기보다는 일단 다른 블로거들과 이웃 맺기, 찾아가기에 나서는 상황이 벌어진다.

다시 말해서, 블로그를 만들었는가? 그렇다면 곧 초보블로거들이 찾아오게 된다. 이들은 랜덤블로그를 선택하여 오는 경우도 있고, 블로그 페이지에서 생긴 지 얼마 안 되는 블로그를 찾아오거나 검색을 통해 자신과 비슷한 분야의 블로거를 방문한다.

어떻게 생각하면 블로그를 만든 사람도 초보블로거가 되는데, 서로 같은 입장에서 먼저 찾아온 초보 블로거를 어떻게 응대해야 할까? 정답은 '친절한 대접이

답이다. 초보블로거는 블로그 활동을 열심히 할 사람이란 뜻과 같다. 내 블로그에 글을 남기고 자신의 블로그에 와 달라는 뜻은 블로그로 교류를 하자는 의사표시가 되므로 블로그 입장에서 마다할 필요는 없다.

자, 스마트스토어 블로그를 만들고 콘텐츠를 만들어 가는데 어느 날 댓글로, 안부메시지에 누군가 글을 남겼는가? 글을 보는 즉시 그 블로그에 찾아가서 인사를 화답하고 교류를 시작하자. 내 블로그에 글을 남긴 그 블로거는 다른 사람들의 블로그에도 글을 남겼을 게 분명하다. 그 사람의 블로그에 남긴 내 글을 다른 어느 블로거도 보게 될 가능성이 크다는 뜻이다. 스마트스토어로 이어지는 길이 닦이는 순간인 셈이다.

D. [검색]이 되어야 남는다

스마트스토어 블로그를 운영한다면 그 안에 담긴 콘텐츠가 네이버 검색결과로 표시되도록 해야 한다. 검색이 안 되는 블로그 콘텐츠는 필요 없다. 블로그의 존재 이유는 방문자 확보이며, 찾아오는 방문자 수를 늘리기 위해서는 무엇보 다도 콘텐츠가 중요하다.

스마트스토어 판매자 영역을 통해 블로그 아이콘이 표시되었다고 끝난게 아니다. 스마트스토어에서 내 블로그 온 사람들에게 선보일 정보를 담아야 한다. 스마트스토어 블로그라고 해서 반드시 스마트스토어를 통해 와야 하는 게 아니라 네이버 검색, 구글 검색, Daum 검색을 통해 찾아오는 방문자들이 많아야 한다.

스마트스토어에 상품을 올리고, 이에 관련한 포스팅을 네이버 블로그에 올렸다. 그리고 네이버 검색을 해보니 블로그가 표시된다. 검색으로 필자가 만든 블로그에 방문하게 된다.

이번엔 www.daum.net에서 검색해 보자.

Daum에서도 필자의 네이버 블로그가 검색되는 걸 확인할 수 있다. Daum의 경우 트위터와 같은 소셜웹 검색도 이뤄지므로 트위터, 페이스북 등의 소셜네트워크 서비스 계정을 만들어 블로그와 동시에 활용할 수 있다.

다음으로 구글www.google.co.kr에서 검색해 보자.

구글에서도 검색되는 걸 확인할 수 있다. 블로그로 활용하는 네이버 블로그 주소가 표시되며, 해당 키워드가 각 검색 사이트의 검색결과 페이지에 노출됨을 알 수 있다. 이와 같이, 스마트스토어 블로그라고 해서 반드시 스마트스토어 쇼핑몰 방문자들만 와야 하는 블로그가 아니다. 포털 사이트 검색을 통해 블로그 방문자가 늘어날 수 있도록 운영하는 게 방법이다. 가령, 스마트스토어에 상품을 올리고 인터넷에서 검색을 해보자. 이미지 검색 등, 여러 메뉴에서 내 상품이 노출될 수 있다. 블로그에 업로드한 포스팅은 내 글을 퍼간 다른 사용자의 블로그나 카페에서도 노출될 수 있다. 이처럼 인터넷에서 상품을 업로드하고 홍보한다는 것은 그 자체가 판매의 시작이라는 걸 알아야 한다.

이상으로, 스마트스토어와 연동하여 쇼핑몰 홍보에 도움되고, 네이버 블로그로써 스마트스토어 방문을 유도할 수 있는 블로그 만들기에 대해 알아봤다. 블로그 콘텐츠는 무엇보다도 정보성이 중요하고 1인 미디어의 특성을 살리는 속보성, 시의성이 중요하다. 이에 따라, 검색결과 페이지 상단에 노출될 가능성이 높아지며 하루에도 수백 명, 수천 명이 방문하는 블로그가 될 수 있다.

스마트스토어 쇼핑몰 홍보에 도움되는 블로그인 동시에 스마트스토어 판매자에 대해 구매자들에게 소개할 수 있는 신뢰도 축적의 지름길이 될 수도 있다. 그래서 스마트스토어 판매자들에겐 네이버 블로그가 중요하다.

다음으로, 네이버 카페에 대해 알아둬야 한다. 네이버에서 블로그에 정보를 담고, 카페를 통해 사람들과 모임을 만들어서 활동하도록 하자. 스마트스토어란 상품을 파는 게 아니라 구매자와 인맥을 맺는 것과 같다. 네이버 카페의 콘텐츠 활용하기를 시작한다.

\# 네이버 카페

블로그 만들기에서 알아본 동영상과 이미지 활용법은 미디어로써의 정보 전달 목적이 컸다면 카페는 그 같은 콘텐츠를 갖고서도 그 사용법이 다르다. 불특정 다수를 대상으로 하는 블로그의 콘텐츠와 특정된 멤버를 대상으로 하는 카페에서 활용할 수 있는 동영상과 이미지 콘텐츠에 대해 알아보도록 하자. 먼저 핵심 포인트를 하나 집고 가자면, 카페에서는 정보성 콘텐츠 위주보다 모임 멤버를 대상으로 하는 유머 코드가 중요하다는 점을 알아야 한다. 또는, 카페 성격에 맞는 학습 콘텐츠도 좋은데, 네이버 카페에 올리는 동영상과 이미지 콘텐츠의 중요한 활용 포인트와 쇼핑몰을 홍보하는 방법에 대해 알아두도록 하자.

A. 인맥 대신 서비스로 홍보하라

인터넷에 만드는 카페는 무조건 회원 수를 많이 확보한 후 카페 운영자가 회원을 상대로 물건을 팔기 위한 목적보다는 지속적인 인맥을 쌓기 위해 만들어야 한다. 카페 회원 수를 늘리는 방법은 의외로 간단한데, 이슈와 화제가 생기면 그에 연관된 주제로 카페 이름을 정하고 이에 필요한 콘텐츠와 메뉴를 담기만 하면 회원 수가 급격하게 늘기 때문이다.

예를 들어, 오디션 프로그램에 출연한 모 출연자가 화제가 될 경우, 그 사람의 팬카페를 만들어 보라. 수천 명 이상의 회원 수로 늘어난다. 이때, 카페 성격을 변경하거나 운영자를 바꾼다는 공지를 하고 일정한 기간 이후 카페를 변경할 수 있다. 팬카페에서 다른 카페로 전환될 수 있다는 뜻이다.

회원 수가 많다고 해서 반드시 좋은 카페라고 할 수 없는 이유가 바로 이런 이유 때문이다. 전문적으로 카페를 만들어서 회원수를 만든 후 상업적 이용을 원하는 사람들에게 판매하는 사업까지 등장한 걸 보면 사람들은 여전히 카페 회원 수에 민감한 게 사실이지만, 카페 회원수 100만 명이 넘어서는 카페라고 할지라도 그 카페에 방문하는 회원 수는 수천 명에 지나지 않을 때가 많다는 게 사실이다.

그럼, 차이는 뭘까? 카페 회원 수가 소수이지만 1일 방문자 수가 카페 회원 수 보다도 더 많은 곳도 있는 반면에 카페 회원 수는 백만 명도 넘지만 한 번 방문한 이후로 재방문이 이뤄지지 않은 사람들이 대다수인 곳의 차이점은 뭘까?

가장 중요한 이유는 바로 목적에 의한 방문과 관심에 의한 방문의 차이다.

관심에 의한 방문은 포털사이트에서 인기검색어, 키워드 검색을 통해 검색 결과페이지에서 알게 된 카페 콘텐츠를 보고 1차 방문하고, 더 많은 자료를 보고 싶어서 가입하는 2차 단계로 나뉜다. 관심에 의한 방문으로 카페 회원 수는 급격하게 늘어나는 것 또한 공통점이다.

그러나 관심에 의한 방문으로 생긴 회원은 2차 방문, 3차 방문이 거의 이뤄지지 않는다. 그들은 이미 다른 관심사가 생겼고, 매일 달라지는 인기검색어를 쫓아가며 호기심 해소를 즐기는 중이기 때문이다.

이와 비교해서, 목적에 의한 방문이란 주로 학습을 위해 카페를 찾는 사람들을 예로 든다. 또는 자신이 좋아하는 스타를 위해 팬카페를 찾는 사람들도 많고, 자신과 취미가 같은 사람들이 모인 카페를 찾아와서 정보를 공유하고 즐기기 위한 목적을 지닌 사람들이다.

사람들은 저마다 목적을 갖고 카페에 왔고, 회원이 되어 활동을 하기 때문에 쉽게 그만두거나 탈퇴를 하지 않는다. 가입한 후 활동이 뜸하더라도 이따금 카페에 와서 취미에 대한 정보를 얻고 자신이 좋아하는 분야에 대해 관심의 끈을 놓지 않는다. 목적에 의한 카페 방문은 회원이 되어서도 멈추지 않는 것이다.

정리해 보면, 카페는 이슈와 인기검색어 위주의 콘텐츠로 단순히 회원을 늘리기 위해 만들기보다는 특정한 주제를 갖고 찾아오는 회원들에게 서비스를 제공하는 카페가 되어야 한다. 회원들을 위한 서비스를 제공하는 방법은 텍스트 문구를 사용해서 정보를 담고, 텍스트만으로 설명하기가 부족한 경우엔 동영상으로 자세한 과정을 보여주며, 한 걸음 더 나아가 단계별로 쉽게 이해 할 수 있도록 이미지를 사용해야 한다.

네이버 카페에서 스마트스토어 관련 정보 콘텐츠를 홍보하는 방법으로 동영상과 이미지를 활용하는 방법에 대해 알아두도록 하자.

동영상^{비디오}에서 유머 코드와 더불어 집중할 것은

블로그는 1인 미디어 형태의 동영상과 이미지 콘텐츠를 사용해서 정보 전달에 치중한다. 검색 결과페이지에서 노출되는 블로그 콘텐츠는 사람들에게 정보로 인식되며, 사람들은 그 블로그의 정보의 양과 질을 기준으로 판단해서 블로그에 재방문할 것인지 아닌지 결정한다.

이와 다르게, 카페는 회원들이 각자에게 필요한 특정 주제에 대한 정보를 제공함과 동시에 지속적인 관련 서비스를 제공함으로써 회원을 유치하고 수를 늘린다. 모임 회원들이 필요로 하는 정보와 서비스를 위해 동영상과 이미지 콘텐츠를 사용하는데, 다시 말해서, 블로그는 불특정한 다수에게 정보를 제공하는 데 비해서 카페는 특정된 회원들을 대상으로 정보를 제공한 다는 점이 차이가 있다는 의미다.

카페에서 활용하는 동영상과 이미지 콘텐츠의 사용법과 활용 노하우에 대해 알아 두자.

1) 동영상 녹화할 때 이용하는 노하우

모임에 참석했는가? 아니면, 혼자 있는가? 동영상은 어느 곳에서 만들던 같은 모임사람들이 모두 즐기기 위한 내용으로 꾸며야 한다. 카페는 온라인상의 가족이라는 소속감으로 모여 있는 다소 특수한 관계이기 때문에 정보를 독점한다는 목적보다는 공유하고 협조한다는 근본적인 생각으로 뭉친 집단이다. 그래서 동영상을 보더라도 카페운영자를 위한 홍보영상이 아니라 카페 멤버들이 골고루 등장하는 동영상을 선호한다.

따라서 동영상을 만들 때는 카페 회원들의 반응을 유도할 목적으로 만들어야 하는 게 중요하다. 카페 멤버들을 위해 만들고, 카페 내에서 상영할 동영상은 1차적으로 회원들이 보고 그에 대한 반응을 보이기 때문이다. 스마트스토어를 홍보하는 동영상 정보 콘텐츠를 만들었다면 그 시청 대상은 1차적으로 카페 회원들을 대상으로 해야 한다는 뜻이다.

이때, 카페 회원들은 동영상 속에서 공동체 의식을 갖고 단합된 마음을 갖는다. 카페가 쇼핑이라는 목적보다 쇼핑을 취미로 갖는 인맥이 모인 곳이 되는 것과 같다.

만약, 스마트스토어 운영자만을 홍보하기 위해 동영상을 만들면 당연히 모임사람들은 이탈한다. 취미를 공유하고 정보를 공유하기 위해 모인 카페에서 운영자가 장사만 한다면 남아 있을 회원이 없다. 카페가 장사 홍보에 열중하면 안 되는 부분이다.

어떻게 해야 할까? 방법은 간단하다.

'장사를 하는 A가 만든 카페'가 아니라 'B라는 취미를 지닌 A가 만든 카페인데, 운영자인 A가 하는 일이 스마트스토어 판매자이더라'가 되어야 한다. 카페 회원들은 A가 만든 취미 카페에서 정보를 공유하고 즐기고 모이게 되는데, A가 하는 일에 대해 알게 되고 스스로 A의 일을 사람들에게 홍보하고 도와주게 된다는 관계 설정 과정을 먼저 이해해야 한다.

그래서 동영상을 만들 땐 여러 가지 방법이 있고, 돈을 적게 쓸 수도, 많이 쓸 수도 있지만 스튜디오에서 녹화하는 게 아니라 현장에서 스마트폰으로 녹화한다면 모바일에서 업로드도 이용해봄직하다. 스마트폰, 태블릿PC에 장착되어 출시되는 카메라들은 그 성능이 어지간한 디지털카메라 성능과 비슷하고 몇몇 기종은 더 높은 성능을 자랑하기도 하니까 말이다. 게다가, 스마트 기기에서 촬영하고 바로 편집해서 이메일이나 카페, 블로그에 실시간으로 업로드를 할 수 있다는 편리성까지 있다.

단, 실시간으로 영상을 촬영할 때는 오디오를 뺄 것인지, 아니면 현장 오디오를 모두 녹음되게 할 것인지 결정해야 하는데, 카메라 앵글 역시 내 눈이 바라보는 곳이 아니라 동영상을 볼 사람들이 바라보게 될 곳임을 염두에 두고 촬영해야 한다.

동영상 촬영에서 내용의 전문성이나 짜임새 있는 편집은 중요한 게 아니다. 온라인 카페란 같은 취미, 같은 관심사를 가진 모임이기 때문에 전문성을 가진 사람들보다는 전문가가 되고자 노력하는 사람들이 모여 정보를 얻고 나누는 곳이다. 그래서 뛰어난 기술이나 전문가다운 실력을 선보일 사람은 카페에 한두 명만 있어도 된다. 오히려 서투른 솜씨, 멤버라면 누구나 공감할 만한 현장 영상만 있으면 된다. 그래야 사람들이 서로 공감하고 동질감을 느끼며 카페에 자주 찾아오고 오래 남게 된다.

2) 컴퓨터에서 동영상 업로드 할 때 반드시 필요한 건

현장 영상을 촬영할 경우가 아니라면 미리 만들어 둔 동영상을 업로드 하는 방법이 있다. 업로드 할 동영상은 상영 분량이 가장 중요한데 1분 이내, 30초 정도의 분량이면 충분하다. 10분 이상 되는 동영상은 쉽게 질리고, 정보를 얻는 데 있어서 빠른 속도감을 원하는 사용자들은 길어도 10분 이내 정도면 충분하다고 여긴다.

현장 영상을 카메라에 담아 왔는가? 컴퓨터에 다운로드 하고 필요한 정보를 간추려 편집을 하자.

필요 없는 동영상 구간을 자르고 이어 붙이기만 하면 완성된다. 또한 간단한 자막도 넣을 수 있으니 어떤 내용의 동영상인지 시작 부분에 소개하는 자막을 넣고, 끝부분에는 만든 사람들의 이름과 장소 등에 대한 정보를 넣도록 하자. 카페 동영상 자막은 영상 화면의 아래쪽에 글자 크기 한 줄 정도의 폭을 두고 자막을 넣도록 하자.

모니터의 크기에 따라 화면이 넓게 보이고 좁게 보일 수 있는데 적당한 화면 크기는 가로세로 크기를 640×480으로 설정하면 해결된다. 만약, 가로 길이가 극장 스크린 형태처럼 긴 모니터를 사용한다면 720×480 크기로 설정하도록 하자. 두 가지 크기에 해당하는 화면비율은 각각 4:3 또는 16:9에 해당한다. 동영상 가로세로 크기 정하는 기능은 무료 프로그램인 팟인코더를 사용하면 편리하다. 또한, HD영상을 업로드 할 때는 1920 x 1080 크기로 설정한다.

팟인코더(팟인코더 외에 각자 사용하기 편리한 동영상 편집 프로그램을 사용하면 된다)를 실행하고 동영상을 불러온다. 불러온 동영상을 마우스 왼쪽 버튼을 대고 누른 상태에서 움직여서 타임라인에 놓으면 편집이 가능한 상태가 된다.

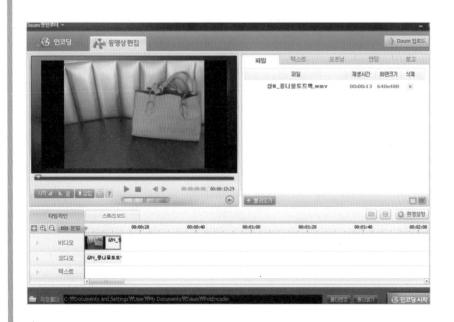

이때 '환경설정'을 누른다.

환경설정 단계에서 '화면크기'를 누르고 원하는 동영상 크기를 설정한다. 그리고 [확인]을 누른 후 다시 인코딩 단계로 와서 동영상을 편집하고 '인코딩 시작'을 누르면 원하는 크기로 편집된 동영상이 생긴다. 이처럼 자신에게 익숙한 편집프로그램을 사용하면 된다. 팟인코더 외에도 다양한 무료 동영상 편집 프로그램들이 많으므로 자신에게 어울리는 것을 선택하자.

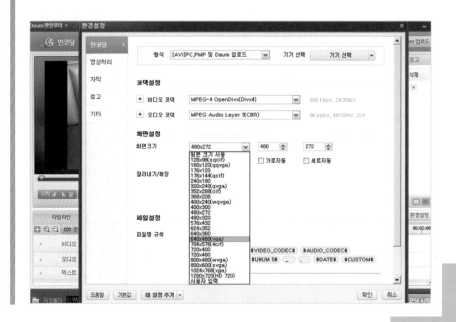

B. 링크 만들기

네이버 카페에서 본문에 링크를 걸어 스마트스토어로 이동시켜 주는 방법도 있다. 이런 링크Link 방식은 새로운 아이디어가 아니지만 자주 쓰이는 방법이다.

글쓰기에 내용을 입력하고, 링크를 걸어 줄 문구나 삽입하는 이미지 위를 마우스 왼쪽 버튼을 누른 상태에서 이동시켜 주면 구간이 설정되는데, 이때 URL 이라고 쓰인 이미지를 눌러 주면 방금 설정한 구간설정 표시는 사라지고 URL 주소를 입력하는 창이 열린다. 단, 메뉴UI는 언제든 변경되는 부분이라는 점, 이 책에서는 여러 플랫폼에서 사용 가능하도록 '기능' 사용설명에 주안점을 두고 있다는 점을 기억하자. 이 책에 설명자료로 인용된 화면 이미지들은 언제든 여러 가지 형태일 수 있다.

구간을 설정한 표시가 사라졌다고 해서 오류는 아니다. 하이퍼링크라고 쓰인 창 안에 링크를 설정한 주소를 넣고, [확인]을 누르면 링크 걸기 과정이 끝난다.

구간 설정 영역이 다시 표시되며 밑줄이 생긴 걸 알 수 있다. 글쓰기를 계속

할 경우 추가 내용을 입력하고 완료했으면 [확인]을 누른다.

카페에 올린 글에서 파란색으로 표시된 링크 영역이 나타났다. 이곳에 마우스를 올리면 해당 사이트로 이동한다.

이와 같이, 이미지, 단어, 문단 등의 영역을 사용해서 링크하는 방법이 있다. 상품 소개나 상품홍보 이미지를 넣기도 하면서 다양한 텍스트와 이미지를 사용하도록 하자.

C. 전체메일 기능

회원들이 모인 카페의 운영자라면 회원들에게 보내는 전체메일을 활용할 수 있다. 카페관리 페이지로 와서 [메일·쪽지] 메뉴를 누른다.

[메일 보내기]를 누르면 메일 쓰기 창이 열리고, 카페 회원들에게 전체메일을 보내면서 다양한 홍보 내용을 전달할 수 있다.

단, 카페 회원들 중에는 홍보성 메일만 반복될 경우 거부감을 갖는 경우도 생기며, 카페를 탈퇴하는 사람들도 있으므로 시기와 방법을 적절하게 사용해서 메일 보내기를 사용하도록 한다. 홍보성 내용 메일이나 전체메일이 자주 반복될 경우 스팸메일로 간주되어 발송되지 않을 수도 있으므로 유의하자. 카페의 공동구매 스태프가 보내는 전체 메일은 1일 1회로 제약이 있으므로 알아두도록 하자.

전체메일을 보낼 때는 정보성 내용으로 작성해서 멤버들이 스스로 판단해서 쇼핑몰에 방문하거나 카페 운영자가 하는 일에 대해 알아갈 수 있도록 주의를 기울인다.

같은 방식으로 [쪽지 보내기]를 눌러서 카페 회원들에게 쪽지를 보낼 수 있다.

쪽지 보내기는 최근 3개월간 방문한 적이 있는 멤버들에게만 발송되며 카페 회원이 읽지 않은 쪽지는 3개월 후에 자동 삭제가 된다.

광고 만들기

TIP 네이버 카페에서

네이버 카페에서 다른 사이트, 다른 웹페이지로 이동시켜 주는 광고 배너를 만들수는 없을까? 블로그를 운영하면 첫 페이지에 위젯 형태의 배너를 만들어 넣어서 다른 사이트, 쇼핑몰 페이지로 블로그 방문자들을 유도할 수 있는 기능이 있는데 카페에도 같은 기능이 필요할 때가 있다.

네이버 카페에서 다른 사이트 이동이 가능한 광고 넣는 방법에 대해 알아 두자.

[광고 만들기]

네이버 카페에서 광고배너를 넣는 곳은 '카페 대문'이다. 카페 첫 페이지에 위치하고 카페에 방문자들에게 가장 먼저 눈에 띄는 곳인 카페 대문에 광고 배너를 넣는 방법을 알아보자.

카페관리 기능을 실행하고 [꾸미기] 메뉴를 누른다. 카페 대문 영역이 표시된다.

[사진]을 누르고 광고배너 로 사용할 이미지를 업로드 한다.

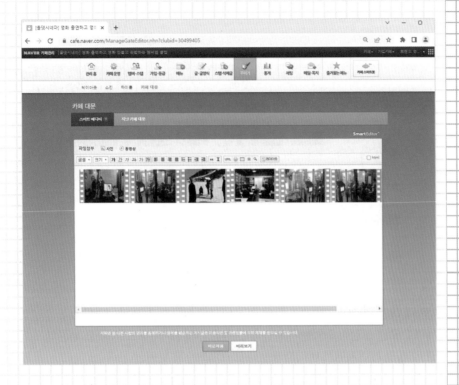

이미지 크기는 가로 크기를 설정할 수 있으며, 미리 만들 어 둔 광고배너 이미지 크기가 있다면 '원본 크기'를 사용 하도록 한다. 이미지 확인을 마치고 [올리기]를 누른다.

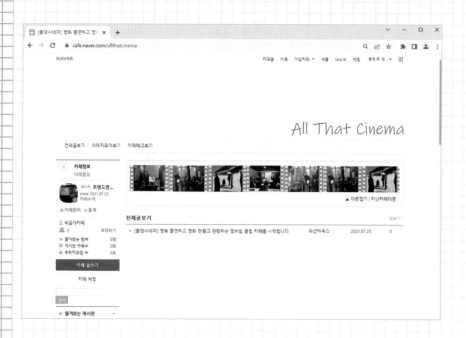

카페 대문 영역에 이미지가 들어갔다. 위치를 확인하고 각 배너마다 URL을 넣어 제대로 구간 설정이 되었는지 확인 및 오류를 수정한 후 [바로 적용]을 누른다. 그리고 카페 첫 페이지에서 이미지가 제대로 표시되는지 확인한다.

카페 대문에 광고배너가 들어갔다. 이제부터 카페를 찾아오는 방문자, 회원들은 대문에 표시된 이미지를 클릭하는 방법으로 해당 사이트로 이동할 수 있다.

이와 같이, 네이버 카페 첫 페이지에서 광고배너를 넣는 방법에 대해 알아봤는데, 한 가지 주의해야 할 점은 광고를 통해 얻는 수익이 있다면 사업자등록을 하고 카페에도 사업자정보를 표시해야 한다는 점이다. 사업자표시는 네이버 카페 관리 페이지에서 '레이아웃' 기능을 실행하면 관련 메뉴가 표시된다.

사업자표시를 하고 광고수익이 발생할 경우 이에 대한 세금 업무를 진행하도록 한다. 이처럼 카페 대문에 광고배너를 넣는 방법 외에도 한 가지 더 홍보하는 방법을 공개하자면 그건 바로 카페 글 메뉴를 활용하는 방법이다.

카페 메뉴는 글자 수 제한이 있다. 대략 10글자 정도인데, 제한된 글자 수 안에서 상품정보라는 메뉴를 만들 수 있고 이 게시판 안에 실제로 카페회원들을 상대로 상품정보 글을 올리는 방법이다.

단, 카페에서는 공동구매 같은 상품판매도 가능하므로, 상품정보 게시판 내에서 공동구매를 진행하는 것도 방법이 된다.

모바일 네이버

PC에서 만드는 블로그와 카페까지 스마트 기기에서 사용하는 방법은 없을까? 모바일 네이버에 대해 알아 두자. 사무실에서 집에서, 컴퓨터 앞에 앉아서 만드는 카페와 블로그에서 벗어나 거리에서, 지하철에서, 식당에서 스마트폰이나 태블릿PC 한 대로 운영하는 카페, 블로그에 대해 살펴본다.

스마트폰에서 네이버 블로그, 네이버 카페, 어플리케이션을 다운로드 받도록 한다. 평소 자주 로그인하는 카페와 블로그 같은 바탕화면 페이지에 놓고 수시로 관리하는 데 도움되도록 하는 것도 방법이다.

A. 모바일 네이버 블로그

모바일 네이버 블로그는 글쓰기와 읽기로 구성되는데, 내 소식, 이웃새글, 추천글 메뉴가 화면 상단에 위치하고 블로그홈, 내블로그, 포스트쓰기, 설정 메뉴가 화면 하단에 위치한다. 모바일 네이버 블로그를 통해 포스트쓰기를 하는 방법은 PC에서 블로그에 글쓰기 할 때와 동일하다.

포스트를 올릴 게시판을 선택하고, 제목과 내용을 입력하는데, 본문에 올릴 사진이나 동영상을 추가할 때도 앨범에서 불러오거나 카메라를 사용해서 바로 현장에서 촬영해서 올릴 수 있다.

포스트를 쓰고 나서 공개할 것인지 말 것인지 설정하고, 공개할 경우 공개대상을 지정한다. 포스트를 본 방문자들이 댓글을 남기도록 할 것인지 여부를 설정하고 공감설정, 스크랩 허용 여부 설정, 네이버 검색결과 제공 여부, 외부수집 허용 여부를 설정한다. 외부수집이란 네이버 외에 다른 검색사이트에서 검색할 경우에도 검색이 되도록 할 것인지 설정하는 기능이다. 또한 포스트에 첨부할 이미지의 크기를 지정하여 제한할 수 있다.

B. 모바일 네이버 카페

모바일 기기에서 관리하는 모바일 네이버 카페에 대해 알아두도록 하자.

모바일 기기 바탕화면에 네이버 카페 어플리케이션을 깔아 놓고 필요할 때마다 실행하여 관리한다.

네이버 카페 어플리케이션 기능에는 즐겨 찾는 카페, 즐겨 찾는 게시판, 가입 카페 목록이 화면 상단에 놓였고, 카페홈, 내소식, 글쓰기, 쪽지, 설정 메뉴가 화면 아래에 놓였다. 자주 쓰는 기능과 메뉴들이 사용하기 편리하게 놓였 음을 알 수 있는데, 단 각 메뉴 위치와 표시되는 메뉴 종류는 경우에 따라서 변동될 수 있다는 점을 알아 두자.

네이버 카페 글쓰기 기능은 자신이 가입한 카페 목록을 선택해서 글을 올릴 게시판을 고른 뒤 제목을 정하게 되어 있다. 올리는 글에는 사진/동영상을 첨부 하거나 지도를 표시할 수도 있으며, 글을 쓰는 도중 수시로 임시저장 되어서 갑자 기 전원이 꺼지거나 떨어뜨릴 경우에도 쓰던 글이 없어지지 않도록 보호해 준다.

네이버 카페 어플리케이션으로 글을 쓰고 나서 공개 여부를 설정하고 검색 허 용할 것인지 지정한다. 또한 댓글과 스크랩 허용 여부를 설정해 두고 마우스 우 클릭 허용 여부를 설정한다. 카페에 올리는 사진이나 동영상 콘텐츠는 가로크기 를 지정하고 화질을 설정할 수 있다.

페이스북, 트위터(X), 카카오톡에서
네이버 스마트스토어 알리기

모바일 기기를 사용하는 사람들은 장점으로 무료 문자메시지가 가능하다는 점을 꼽는다. 가령, 친구나 지인에게 연락을 주고받을 때 전화를 하거나 비용이 생기게 되는데, 모바일 기기에서는 SNS 어플리케이션을 사용하면서 비용이 전혀 들지 않는다는 점이다.

A. 카카오톡

SNS 어플리케이션 중에서 사용자들에게 인기를 얻는 어플리케이션은 카카오톡, 트위터, 페이스북이 있으며, 카카오톡은 국내에서 개발된 무료 문자 메시지 실시간 교환 어플리케이션으로써 전화번호로 맺어지는 카카오톡 친구 인맥 안에서 이미지와 음성, 영상까지도 서로 공유할 수 있다는 점이 장점이다.

카카오톡을 통해 전화번호를 아는 친구들끼리 맺어지는 인맥이 있으면 카카오톡 아이디를 설정, 아이디를 통해 친구를 찾고 인맥을 연결하는 방법도 있다. 아이디를 설정하고 아이디 검색 허용 상태로 해 두면 다른 이들과 교류할 때 카카오톡 아이디만 알려줘도 카카오톡 인맥관계가 연결된다.

카카오톡 친구목록에서 대화를 하고 싶은 대상을 선택, 1:1 채팅을 누르면 메시지창이 열리는데, 그룹채팅으로 할 경우엔 카카오톡 친구들을 특정 그룹으로 묶어서 모아 두고 그룹채팅을 걸 경우 해당 그룹 사람들과 동시에 메시지를 주고받을 수 있다.

1:1 메시지 창이 열리면 바탕화면 색상이나 대화창을 설정하여 자유롭게 변경 가능한데, 대화 상대방과 문자를 주고받듯이 대화를 나누게 되며, 인터넷 주소를

입력할 경우 본문 색과 다르게 표시되는 게 특징이다. 메시지 창 안에서 사진이나 음성메시지도 전달 가능하다.

B. 트위터(X)

스마트 기기 안에서 트위터www.twitter.com 서비스를 지원하는 어플리케이션은 무수히 많은데, 자신에게 맞는 서비스를 골라서 사용하면 된다.

트위터 계정은 www.twitter.com 또는 www.x.com에서 /를 붙이고 이어서 알파벳 조합 형태로 자신이 설정해서 정하는데, 이때 스마트스토어와 같은 주소를 사용하거나 자신이 판매하는 특정 상품명을 트위터 계정 아이디로 사용하기기를 추천한다.

트위터 계정 아이디를 정하고 프로필을 입력 할 때도 자신의 스마트스토어를 소개하는 글이나 웹 주소를 입력하자. 트위터 계정 아이디는 @ 마크 뒤에 붙여서 표기한다.

트위터에 쓰는 글은 내 계정을 팔로윙하는 팔로워들에게 실시간으로 전달되며, 글을 쓸 때는 영어, 한글 자판을 편리하게 변환해가며 사용할 수 있다. 사진을 첨부할 경우 사진보관함에서 업로드 할 것인지 카메라로 현장 영상을 촬영해서 올릴 것인지 선택 가능하다.

트위터에 글을 쓰면 실시간으로 자신의 트위터 계정 타임라인 메시지 창에 표시된다. 이와 같이 타임라인에 올라온 사용자의 글을 클릭하면 인터넷 주소가 있을 경우 해당 사이트로 바로 연결된다. 따라서 스마트스토어 주소를 올려 주는 것도 좋은 방법이 된다. 단, 필자가 쓴 글은 영어 알파벳으로 된 인터넷 주소인데 필자의 타임라인에 표시된 영문표기는 달라진 걸 볼 수 있는데, 그 이유는 140글자로 제한된 트위터 글쓰기에 서 긴 문장을 쓸 경우, 트윗커 어플리케이션에서는 압축된 문장으로 줄여주는 기능을 사용하기 때문이다.

그리고 필자의 트윗 글을 실시간으로 받아 보는 필자 계정의 팔로워 사용자들이 만약 해당 영문표기를 클릭할 경우 필자가 올렸던 인터넷 주소 사이트가 열리게 된다. 따라서 이와 같이 신상품 이벤트, 정기세일, 상품정보 등을 준비하고 트위터에서 글을 올리면 많은 사람들에게 실시간으로 홍보할 수 있는 장점이 있다.

C. 페이스북

스마트 기기 바탕화면에 페이스북 어플리케이션을 설치해 두고 스마트스토어 홍보를 위한 페이스북 사용자들을 대상으로 인맥관리에 활용하자.

페이스북은 세계적으로 거대한 SNS 어플리케이션이다. 페이스북에서 인맥을 연결하는 방법은 이메일을 한 번이라도 나눠 봤던 사람, 학교 동창생, 같은 나이, 같은 회사에 다녔던 사람 등 분야를 막론하고 거의 전 분야에 걸쳐 그동안 알았던 사람을 페이스북 안에서 다시 만날 수 있다.

스마트 기기에서 페이스북에 로그인을 하면 페이스북 인맥으로 연결된 사용자 목록이 표시되고, 실시간 메시지, 주고받는 글이 표시된다.

페이스북에 자신의 글을 남기는데, 사진이나 동영상을 촬영해서 글을 작성할 수 있고, 사진보관함라이브러리에서 가져와서 업로드 할 수도 있다. 내가 올린 글은 전체공개하거나 친구에게만 공개, 또는 나만 보기로 설정 가능하다.

페이스북에 올린 글에 대해 필자와 친구관계인 다른 사용자들은 '좋아요' 기능에 클릭하거나 댓글을 남길 수 있다. 좋아요 기능을 클릭하면 그 사람의 페이스북 계정에서 이 글을 볼 수 있는 기능이며, 댓글 달기는 이 글을 보는 사람들 전체에게 보이는 기능이다.

필자가 다른 페이스북 사용자가 자신의 계정에 남긴 글을 보고 '좋아요'를 누르고, '댓글'도 남겼다. 이 글은 필자의 페이스북 계정에서도 볼 수 있게 되었다.

이처럼 '좋아요' 기능은 페이스북 사용자가 어느 콘텐트를 좋아하는지 정보를 얻을 수 있으며, 선호하는 정보와 선호하지 않는 정보, 또는 각 기능들에 대해 파악하고 이용할 수도 있다.

예를 들어, 판매자가 페이스북 계정을 만들고 친구들을 찾아서 인맥을 만들었다고 할 때 판매자는 자신의 페이스북 친구들의 글을 보면서 그들이 무엇을 좋아하고 어떤 것에 대해 반응하는지 파악할 수 있다는 뜻이다. 이 말은 구매자가 원하는 상품을 준비하는 자료로써도 쓰일 수 있으며, 소비자가 원하는 상품의 조건, 예를 들면 가격, 디자인, 무게 등의 기준을 알 수 있는 자료로써 가치가 생긴다.

이상으로, 카카오톡, 트위터, 페이스북이라는 SNS 어플리케이션에 대해 알아보며 기본적인 기능을 배워 봤다. IT 기술이 발달할수록 사람들은 점점 더 가볍고, 편리하고, 재미있는 제품을 찾게 되는데, 위 세 가지 SNS 서비스 들의 가입자만 하더라도 모두 합쳐 10억 명이 넘는 규모를 자랑한다. 이는 다시 말해서 SNS에 사람들이 몰리고 있으며, SNS에서 쇼핑몰 홍보를 하고 사람들이 쇼핑을 하도록 마케팅을 해야 한다는 뜻이다.

카페와 블로그를 활용해서 쇼핑정보를 제공하고 쇼핑몰을 만들었다는 뉴스를 알렸다면 카카오톡, 트위터, 페이스북을 통해 보다 많은 사람들에게 직접 먼저 다가가는 홍보를 시작해야 한다. 단, 모든 사람을 동시에 만족시키는 게 아니다. 오로지 단 한 명의 고객을 위해 상품을 판매한다는 생각으로 시작하는 게 좋다.

고객들은 여러 명이지만 고객이라는 분야는 하나다. 따라서 한 명의 고객을 만족시킨다면 모든 고객을 만족시킨다는 뜻과 같고, 단 한 명의 고객도 만족시키지 못한다면 모든 고객을 만족시키지 못한다는 뜻과 같다.

홍보에 진짜 도움되는 기능

네이버 스마트스토어 홍보 방법에 대해 살펴보자. 본 단락에서는 네이버 블로그, 네이버 카페를 통해 상품정보를 공개하면서 놓치기 쉬운 기능들에 대해 설명한다. 글쓰기 기능 하단에 모여 있는 기능들 중에서 '태그TAG'에 대해 설명하고, 지식검색을 통한 답변을 이용하는 방법 등, 쉽게 놓치기 쉬운 아이디어 홍보에 대해 다룬다.

A. RSS보다 실시간 트위팅

　PC에서 접속하는 인터넷 환경에선 RSS가 유용한 기능이었다. 많은 블로그나 카페에 일일이 재방문할 필요 없이 RSS 기능을 이용하면 내 블로그에도 얼마든지 좋은 정보들을 쉽게 받아볼 수 있었다. RSS 주소를 걸어 둔 블로그, 카페 사이트 등, 모든 곳에서 새롭게 업데이트되는 정보들이 내 블로그, 내 카페로 들어왔으니 대단히 편리한 기능이다.

　그러나 이젠 트위터가 RSS를 대체하는 형국이다. RSS로 쏟아지는 정보는 정보의 양만큼 정보생산자가 다양하진 않아서 같은 정보가 반복될 경우도 있고, A가 받은 RSS 정보를 B가 다시 똑같은 RSS로 보내주는 일도 생겼다. 정보의 중복구독이 문제였다.

　트위터에서 이런 문제를 해결한 건 여러 가지 면에서 놀라운 일이다. 일단, 트위터 사용자들이 인터넷에서 담아 온 정보를 기사 제목과 인터넷 주소만 링크를 걸어 주면 내가 직접 링크를 타고 들어가서 정보 원문을 볼 수 있다. 이때, 다른 사람과 내 의견이 다를 수 있으며, 내 의견을 추가하여 다시 트위터에 올려 주면 또 다른 사람이 원문 정보를 접하고 다시 의견을 추가한다.

트위터에서는 RT_{리트윗}로 정보의 반복과 중복이 이뤄지기도 하지만, 그것보다는 재생산되는 장점이 더 많다. 똑같은 정보를 중복 업로드 해주는 RT를 받다 보면 각기 다른 의견을 첨부하여 올라오는 글들을 본다. 정보가 RSS처럼 중복 전송되는 데 그치는 게 아니라 재생산되면서 새로운 정보로 재가공 된다는 뜻이다.

바로 이런 점을 판매자들이 이용해야 한다. 예를 들어, A라는 상품을 올리고 신상품 소개를 하며 A라는 상품이 B라는 이유로 좋다고 정보를 트위터 타임라인에 올렸다고 하자. 그럼, 이 정보를 받은 C나 D가 A 상품에 대한 정보를 보다가 생각을 하게 되는데, B라는 이유보다는 E라는 점, F 라는 효과가 더 좋다고 자신들의 의견을 추가한다.

결국, 제일 처음 올린 A 상품의 B 효과는 C와 D로 인해서 E 효과와 F 장점까지 추가되어 다른 이들에게 재전파된다. 눈덩이처럼 커지고 수많은 사람들이 참여하게 되면서 홍보효과는 기대 이상이 된다. RSS가 전하는 단순 정보를 넘어 재가공, 재생산되는 정보의 흐름이 생긴다. 스마트스토어의 A 상품이 각기 다른 사람들에게 필요한 여러 종류의 상품이 될 수 있다는 뜻이다.

B. 지식쇼핑이란?

여기서 말하는 지식쇼핑이란 네이버의 쇼핑카테고리를 말하는 게 아니라 지식을 사고파는, 지식검색과 지식 문답 서비스를 말한다. 지식을 서로 주고 나누는 사이에 지식검색에 의존하는 사람들이 많아진 상황을 보고 갖게 된 아이디어 홍보 방법이다.

예전엔 지식질문에 답변을 올리면서 글자색을 흰색으로 설정하는 방식으로 홍보하는 쇼핑몰 운영자들이 있었다. 가령, A라는 사람이 청바지에 대해 스타일링 방법을 물어보는 지식질문을 올렸다고 할 때, B라는 쇼핑몰 운영자는 청바지스타일링에 대해 답변해주면서 글쓰기 말미에 자신의 쇼핑몰 주소나 상품이름을 적고 글자색만 흰색으로 바꿔서 답변을 올리곤 했다.

그 결과, 홍보글을 관리 감독하는 사람들 눈에는 홍보 키워드가 보이지 않아 통과되었고, 검색결과 페이지를 만드는 로봇에게는 고스란히 차출되어서 검색결과 페이지에 표시되곤 하게 만든 방법이다. 물론, 요즘엔 이 방법이 소용없는 경우가 더 많아졌지만 말이다.

지식쇼핑이란 그래서 물어보는 사람들에게 답을 주는 사람들이 이용하는 홍보 방법을 말한다. A라는 질문에 B라는 답변을 하면서 '더 궁금한 점은 쪽지나 메일 주세요'라는 글은 대다수 홍보성 글이다. 지식검색 서비스 내에는 광고홍보성 글을 남기지 못하므로 쪽지나 메일을 달라고 하고 자신에게 연락 오는 사람들을 상대로 자신의 쇼핑몰과 여러 홍보 서비스를 얘기해주는 것이다. 상대방은 정보라고 생각하고 귀담아 듣지만 말이다.

지식쇼핑몰 통해 홍보하는 방법은 그래서 매우 효과가 좋고 상대방의 기억에 남아 영향력이 오래 간다. 다른 한 가지 방법은 만약 내가 원하는 답변을 해줄만한 질문을 찾지 못할 경우에 질문을 올리고 다른 아이디로 질문을 달아 주는 방법이 가능하다.

청바지를 홍보해야 한다고 가정해 보자. A라는 아이디로 지식검색에 질문을 올린다. 그리고 일정 시간이 지난 뒤에 다른 아이디로 로그인해서 아까 올린 질문에 정성스럽게 답변을 해주는 것이다. 추천도 하고 채택도 해주면서 말이다. 지식검색에 올라오는 질문은 키워드가 좋을 경우 수천 명, 수만 명은 금세 조회한다. 그들은 질문과 답변을 보게 되고, 기억에 남겨 두며 자신의 생활에서 적용한다.

"지식검색 해봐!"라는 사람들이 많아졌기 때문에 이 방법은 충분히 매력적인 홍보방법이다. 요즘 학생들, 직장인들에게 물어보면 그들은 모르는 게 있을 때 사전을 찾지 않는다. 일단 지식검색하고 인터넷에 없으면 서점으로 간다. 물론, 대다수 질문은 인터넷에서 해결된다.

홍보는 어떻게 하는 걸까? 전단지 뿌리고 신문잡지 광고 내고 하는 게 아니다.

사람들이 모이는 곳에 끼어드는 게 홍보다. 고기를 잘 잡는 어부는 고기를 쫓아다니지 않는다. 다만, 고기가 잘 다니는 곳에 그물을 쳐둘 뿐이다. 홍보도 마찬가지다. 사람들이 많이 모이는 곳에 홍보해야 할 것을 가만히 놓아 두자. 저절로 홍보된다.

C. 태그

태그는 검색결과에 있어서 대단히 중요하다. 네이버 카페, 블로그에서는 관련 태그 입력이 10 단어 이내로 제한되어 있는데, 태그는 내가 쓴 글, 내가 올린 정보를 다른 사람들이 찾아오게 하고 싶을 때 이용하는 낚시 바늘과 같은 기능이 있다.

네이버에선 '태그달기'영역에 해당하며 30개까지 단어를 입력할 수 있다. 태그를 넣을 때 글의 내용에 연관된 단어 중에서 인기 검색어를 사용하는 게 좋지만 인기 검색어일 경우 많은 사람들이 사용하므로 태그가 검색된다고 해도 내 글은 작성시점이나 내용에 따라 검색결과 페이지 뒤쪽으로 위치할 염려도 생긴다.

따라서 태그를 넣을 때는 인기 검색어를 사용하되 한두 음절의 조사를 덧붙여야 효과가 크다. 예를 들어, '인터넷쇼핑몰'이라는 태그 대신에 '인터넷쇼핑몰에서'나 '인터넷쇼핑몰 중에'라는 태그가 좋다.

사람들이 검색할 때 '인터넷쇼핑몰'이라는 단어를 검색하기보다는 문장을 입력하는데 '인터넷쇼핑몰 중에서 가장 싸게 파는'이라는 표현이나 '인터넷쇼핑몰에서 쇼핑하려면'이라는 어절로 검색하는 사람이 많아졌기 때문이다.

인기 키워드로 검색할 경우 검색결과 페이지가 무수히 많이 나온다는 걸 알게 된 사용자들이 자신이 찾는 검색결과를 정확하게 보기 위해 스스로 만들어 낸 변화인 셈이다. 게다가, 지식검색 서비스의 영향으로 단순한 텍스트 콘텐츠를 검색하기보다는 자신이 찾는 검색 내용을 지식검색 영역에서 먼저 찾고자 하는 습관도 생겼다. 단순 키워드 검색은 홍보가 많고, 내가 찾는 검색은 지식검색에서 다른 사람들이 이미 서로 나눈 지식인 경우가 많다는 걸 아는 사람들이란 소리다.

D. 레이아웃

레이아웃은 블로그나 카페의 구성 디자인을 말한다. 흔히, 블로그 홍보, 카페 홍보라고 하면 어떤 글을 써야 제대로 검색이 되고 사람들이 보고나서 링크를 타고 쇼핑몰로 올까 하는 고민을 한다. 그러나 정작 중요한 레이아웃은 소홀히 하기 일쑤인데, 말하자면, 블로그나 카페에 오는 사람들은 단순히 내가 올린 홍보글 하나만을 보고 찾아오는 게 아니기 때문이다.

블로그, 카페에 관리자 기능에서 방문자통계를 살펴보자. 어떤 키워드로 많이 오는지 감이 잡힐 것이다. 내가 올린 키워드 글, 내가 올린 홍보글을 보고 카페에 오는 사람은 많지 않다. 그들은 다른 이유로 내 카페에, 내 블로그에 온다. 자, 그럼 어떻게 할 것인가? 어떤 사람들이 내 블로그나 카페에 와서 그들이 원하는 정보만 찾고 나가게 그냥 둘 것인가? 아니면, 그들에게 내가 운영하는 스마트스토어 쇼핑몰을 홍보할 것인가?

온라인상에서 이뤄지는 사람들 이동은 실시간으로 파악해서 대응을 하기란 불가능하다. 그래서 사람들이 자주 다니는 곳에, 사람들이 오는 곳에 눈길을 끄는 이미지나 동영상 등을 갖다 놓고 사람들이 클릭하게 만들어야 한다. 그게 바로 배너광고인 셈인데, 카페나 블로그에서는 이런 역할은 레이아웃에서 담당할 수 있다.

위젯과 배너이미지를 넣어서 카페, 블로그에 찾아오는 사람들 한 명이라도 놓치지 말자는 뜻이다. 필자의 블로그를 참조해보면서 위젯 사용법에 대해 다시 한 번 더 배워 두는 시간을 가져 두길 바란다.

E. 본문 링크

본문 링크는 가장 고전적인 홍보방법이면서도 가장 안전한 방법이다. 자신이 필요한 정보를 찾아온 사람에게 그들에게 필요한 링크를 달아 주는 형식이다. 가령, 식중독이란 단어를 검색하고 카페나 블로그에 온 사람이 있다고 생각할 때, 식중독에 대한 해결방법, 증상 등을 설명하는 정보를 올리고, 그 중간에 식중독에 좋은 음식이라는 단어를 넣어 링크를 걸어 주면 어떨까?

이 글을 읽는 여러분 자신이라고 생각하고 추측해 보자. 식중독에 좋은 음식이란 링크를 클릭할 확률이 높다. 물론, 그 링크는 스마트스토어로 연결되는 중이다.

여기까지, 모바일 기기에서 스마트스토어를 홍보하기 위한 방법을 알아보고, 놓치기 쉬운 알짜 홍보비법을 추가로 알아보는 과정을 거쳤다. 카카오톡, 트위터, 페이스북을 사용해서 홍보대상자를 모으고 실시간으로 그들과 소통하면서 스마트스토어 판매자로서의 신뢰도를 구축하는 법도 알았으며, 트위터에서 재가공되는 정보의 변화하는 모습에 대해 이해를 유도하기도 했다.

이와 같은 과정을 통해 홍보전략은 PC에서 모바일 기기로, 각 플랫폼에 따른 전략의 세분화를 느낄 수 있었을 것으로 생각하며, 이어지는 단락에서는 스마트 기기에서 새롭게 등장한 팟캐스트를 이용하는 방법과 페이스북과 또 다른 이미지 소통 방식의 핀터레스트에 대해 소개한다. 참고로 밝혀두자면, 이 책에서는 인스타그램의 활용법에 대해선 다루지 않는다. 그 이유는 이미 관련 도서들이 많이 나온 상태이고 널리 주지된 내용들이라서 그렇다.

핀터레스트에서는 판매자가 취급하는 상품 이미지를 적극 활용해서 구매자들과 소통하는 전략을 추천하고, 팟캐스트에서는 상품 관련 생활정보를 만들어서 스마트 기기 사용자들에게 다가가는 전략을 세울 것을 추천한다.

온라인 쇼핑몰 하나 하는데 신경 써야 할 홍보 전략이 너무 많다고 생각하는가? 이렇게까지 할 필요는 없다고 생각하는가? 그건 착각이다. 대기업들도 홍보를 하고, 글로벌 기업들도 홍보를 한다. 코카콜라가 페이스북에서 광고를 하는 이유를 생각해 보며, 대기업들이 블로거를 모집하고 적극적으로 교류하는 이유를 생각해 보면 답이 떠오를 것이다.

여러분이 운영하는 쇼핑몰과 대기업의 차이점은 단 하나, 규모의 차이일 뿐이다. 똑같은 사업, 똑같은 경쟁분야다. 대기업이 눈치채지 못한 틈새부터 공략하며 한 발 앞서 나가야만 똑같은 소비자를 놓고 벌이는 경쟁에서 선 득점할 수 있다.

네이버 사용자와 네이버를 방문하는
네티즌을 대상으로 나만의 쇼핑몰
[스마트스토어] 를 만들고,
상품판매, 광고, 홍보를 하는 방법에 대해
알아보도록 하자.

PART 03

인터넷
쇼핑몰
홍보,

이미지를
훔치다

마크 주커버그가 계정을 만들고 직접 사용했다는 소문이 돌면서 더 유명해진 핀터레스트www.PINTEREST.COM는 이미지로 소통하는 감성 소통 SNS다. 핀터레스트의 시작은 냉장고 문에 붙이는 메모를 온라인으로 옮겨 보자는 작은 아이디어에서 출발했는데, 사용자가 자신이 좋아하는 이미지나 동영상을 선택, 자신의 계정에 모아 공개하고 각각의 이미지나 동영상에 느낌 등을 적어두면 다른 사용자들도 같은 이미지나 동영상을 보고 각자의 느낌을 적는 방식이다.

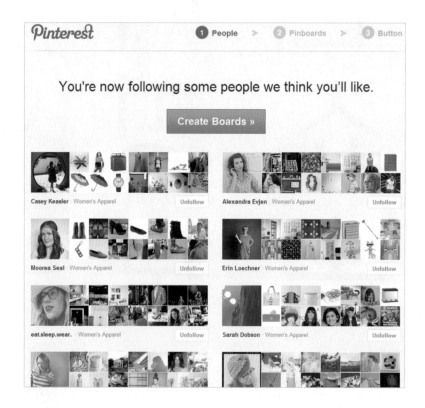

핀터레스트는 기존 회원들로부터 초대장을 받아야 새로 계정을 만들 수 있는데, SNS로 인기세를 구가하고 있다. 특히, 여성에게 어울리는 SNS라는 호칭을 얻으며 여성 사용자들이 증가하는 추세를 보인다.

쇼핑몰과 핀터레스트의 활용에 대해 알아보자.

화보 같은 이미지 : 핀터레스트

핀터레스트는 자신의 핀보드를 만들고 이에 해당하는 이미지나 동영상을 모으면서 시작한다. 자신의 핀보드는 예를 들어, '내가 좋아하는 물건들', '내가 좋아하는 장소', '읽을 만한 책들', '내 스타일', '가정용품' 등의 주제도 가능하다.

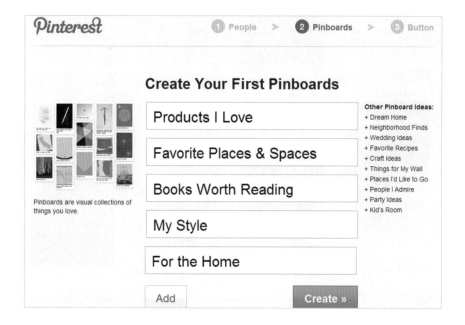

   각 주제에 따라 거기에 맞는 이미지를 찾아서 관심있는 이미지나 동영상의 콘텐츠에는 '핀잇'하고 자신의 핀보드로 가져와서 느낌을 적어 놓는 게 전부다. 핀잇이란 페이스북의 '좋아요' 기능과 유사하다. 본인이 관심이 있는 이미지나 동영상 콘텐츠 등에 호감을 표시하는 기능이다(본 도서에서는 글로벌 마켓 진출을을 염두에 두고 영어로 된 핀터레스트를 통해 알아본다).

A. 이미지 댓글

필자의 핀터레스트가 완성되었다. 물론, 이제부터 시작되는 핀터레스트라고 말해야 더 정확한 표현이다. 일단, 내가 고른 카테고리에 포함된 이미지나 동영상들이 내 계정에 표시되는데, 각 이미지나 동영상을 보면서 내 의견을 적어 놓는 과정이 필요하다.

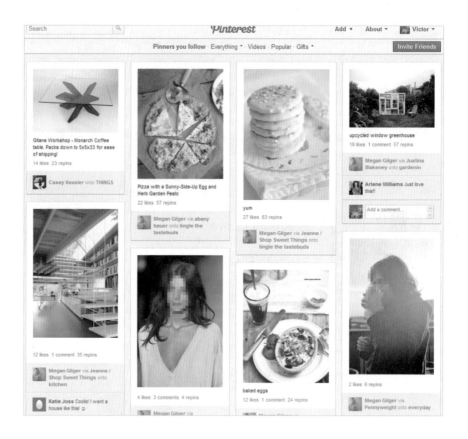

이와 같은 방식으로 핀터레스트는 이미지 댓글을 통해 다른 사용자들과 서로 느낌을 나눈다. 핀터레스트 이전의 SNS 서비스들은 오프라인의 유명인을 찾아서 팔로윙부터 하고 그 사람의 말을 받아 보면서 시작하거나 예전에 알던 친구를 찾아내서 연락하고 SNS 서비스 내에서 다시 연락을 주고받는 게 전부였다.

그러나 핀터레스트는 느낌을 소통한다는 점에서 색다른 소통을 느끼게 된다. 사용자 계정의 프로필에 올라온 사진이나 그가 누구인지 이름 유명세를 좇아가는 인맥이 아니라 순전히 자신의 느낌을 적고 이에 공감하는 상대방과 호감을 느끼며 맺게 되는 SNS이기 때문이다.

핀터레스트는 그래서 쇼핑몰 홍보에 적합하다. 상품의 이미지를 핀터레스트에 올리고 다른 사용자들로부터 느낌이나 평가를 받아볼 수 있다는 장점이 있다. 예를 들어, 샘플을 만들어서 올려놓고 호감도를 표시 하는 사용자들의 의견에 따라 본 작업, 즉 수량을 정해서 생산을 할지 말지를 결정할 수 있다. 제품 출시 전에 소비자를 대상으로 하는 테스트와 같다.

또한, 제품 출시 전이 아니라 제품 출시 후 마케팅 과정에서 활용할 수도 있다. 새롭게 출시한 제품을 핀터레스트에 올려도 되고, 제품을 일상생활에서 이용하는 모습 등을 올려 두고 다른 사용자들과 느낌을 나누게 되면 호감을 느끼는 사람들이 많을수록 인기 상품이 된다.

핀터레스트는 페이스북 아이디로 로그인해서 사용하게 되는데, 핀터레스트에 올리는 사진과 느낌, 다른 사용자들과의 댓글 나누기 등은 페이스북 자신의 계정에도 실시간으로 고스란히 기록된다.

페이스북 친구들에게 핀터레스트에 올린 이미지나 동영상을 소개하고 느낌을 공유할 수 있게 되는데, 페이스북 게시판에 메시지를 남겨 서로가 보도록 하는 것과는 또 다르다. 특정한 개인 계정 내에서 보는 의견 소통이 아니라 특정한 카테고리 분야에서 다수의 사람들과 소통하는 이미지 댓글 나누기인 까닭이다.

B. 감성 정보

핀터레스트를 활용하면 감성 정보를 얻을 수 있다. 다시 말해서, 어떤 이미지나 동영상을 보고난 후 사람들이 어떻게 느끼고 반응하는가를 체크해서 통계를 얻을 수 있다. 특히, 특정한 카테고리에 포함되는 다수의 이미지나 동영상을 보고 사람들이 저마다 느끼는 다양한 느낌의 내용을 실시간으로 알 수 있다.

감성정보가 SNS에서 소통의 매개체로 사용되는 순간이다. 이와 같은 감성정보 교환은 마케팅 측면에서 다양한 상품에 활용될 수 있다. 가령, 자동차 디자인이나 스마트폰 디자인 등, IT 제품 분야에 대한 사람들의 감성을 파악할 수 있다. 이는 디자인 개발과 제품 출시에 절대적인 영향력을 끼치게 된다.

이뿐 아니다. 음식점이나 식료품에 대한 감성 정보도 획득 가능하다. A라는 음식 사진을 올려 두고 난 이 음식에 대해 어떻게 생각하는지 적어 보자. 금세 다른 사용자들이 와서 댓글을 달게 될 텐데 '먹어봤는데 별로더라'부터 시작해서 '내가 먹을 때 보니까 이런 점이 좋더라' 등의 정보까지 나온다.

심지어, 시내 어느 동네에 음식점이 있고, 식당 느낌은 어떠해서 좋더라, 나쁘더라는 분석까지 달릴 수 있다. 친구들과 같이 갔는데 몇 사람이 먹기에 충분하더라, 부족하더라 평가가 나올 수 있고, 색상이 조금 더 이렇게 해줬으면 더 좋았을 뻔했다는 디자인 조언까지 나올 수 있다.

사람들은 이미지나 동영상을 보고 자신의 느낌을 단순하게 적었다고 생각했는데, 핀터레스트 계정 사용자 입장에선 다른 사람들로부터 받는 귀중한 모니터링 결과를 얻을 수 있다는 뜻이다.

* 홍보 주안점 *

글로벌 판매자로 활동하는 사람들에게 더욱 적합한 서비스다. 영어권 사람들 사이에서는 큰 인기를 얻고 있는 SNS다.

핀터레스트에서는 상품의 사진이 중요하다. 단순 홍보하는 식의 장점이나 늘어놓기식 댓글은 쓰지 말아야 한다. 제품 사진을 올리더라도 자신의 느낌이나 생각을 적어야 하는 것으로, 어디에 사용했으면, 어떻게 입으면 더 좋을, 맛이 어때서 기분이 좋아질 수 있는 식의 감성 댓글이 중요하다.

이에 대해 다른 사람들이 추가 댓글을 남기고 소통을 하게 되면 자연스럽게 홍보가 시작된다. 감성을 나누는 장소에서 상품구매 권유는 절대 하면 안 된다. 오로지 감성을 얘기하고, 감성을 자극하고, 사람들이 스스로 움직여서 어디에서 판매하는지 물어 오게 만들어야 한다.

그 이유로, 쇼핑몰에서 상품을 고르는 사람들은 가격을 따지고 디자인을 따지고 상품을 본 순간 쇼핑을 하진 않는다. 다른 쇼핑몰에도 가보고, 오프라인 할인점이나 백화점, 중고상품은 없는지 철저하게 생각한다. 그렇게 고민하고 시간을 공들여도 구매까지 이어질 가능성은 100%가 아니다.

반면에 핀터레스트에서는 사람들이 서로 감성을 공유한다. 똑같은 상품 이미지 A에 대해 A는 즐겁다, B는 행복하다, C는 자유롭다 식으로 느낌이 다를 수 있다. 이 경우, A와 알고 있는 D가 이 상품 이미지를 보게 될 경우 D는 A를 위해 상품을 구해서 선물할 생각을 하게 될 것이다. B도 마찬가지다. 행복감을 전해 준 그 상품에 대해 자료조사에 나서고 어느 곳에서 판매 중이라는 사실을 아는 순간 자신이 느꼈던 행복감을 기억하고 곧장 구매에 나설 가능성이 매우 높다. 처음 보는 상품이 아니라 이미 자신의 가슴 속에서 가치를 느끼게 해준 상품이기 때문이다.

CF 같은 동영상 : 유튜브, 네이버 블로그, 네이버 카페

쇼핑몰 홍보 방법으로는 동영상을 활용할 수 있다. 인터넷쇼핑몰 초창기 1990년 대에는 텍스트 위주의 광고홍보 수단이 쓰였는데, 온라인 장터에 상품 카테고리별 영역에 글을 올리면서, 글 제목으로 판매하려는 상품, 가격, 브랜드, 신상품 여부 등에 대해 적고, 글 내용으로 세부적인 설명을 부가하는 식이었다.

텍스트 홍보만으로도 온라인 장터가 생기고 많은 사람들이 구매가 이뤄지게 되었는데, 이후에 등장한 게 바로 이미지 중심의 쇼핑몰이다. 잡지와 같은 화려한 제품사진과 연예인 느낌 물씬 풍기는 피팅모델들이 등장하면서 어지간한 잡지 화보는 명함도 못 내밀 정도의 사진 퀄리티 경쟁이 벌어졌다.

그리고 2010년대를 넘어서면서 인터넷쇼핑몰에서는 동영상을, 2023년을 지나는 요즘엔 동영상 플랫폼은 지상파 방송과 견줘도 될 정도이다. 그동안 상품판매에 있어서 주요하게 여겨진 부분이 제품 이미지 사진이었던 만큼 동영상 중심의 상품 홍보 단계까지 급격한 변화는 이뤄지지 않았지만 대형 독립쇼핑몰 위주로 타 쇼핑몰들과 차별화 차원에서 만들던 동영상들이 이젠 CF처럼 유려한 수준에 오를 정도가 되었다.

특히, 유튜브 같은 동영상 플랫폼에 한류 콘텐츠가 인기를 끌면서 한국 관련 동영상을 찾는 사람들이 증가했는데, 이에 따라 쇼핑몰 상품을 소개하고, 제품사용법을 알려주는 동영상들이 기하급수적으로 늘어나는 추세이다. 특히, 스마트폰과 태블릿PC의 인기와 더불어 세계 어느 곳에서도 사람들이 실시간으로 인터넷에 접속, 동영상을 즐기는 트렌드가 생기면서 많은 사람들이 이미 동영상 홍보 콘텐츠를 만들어 사용하거나 새롭게 만들려는 준비를 하고 있다.

출판계에서는 책의 저자가 동영상에 등장해서 책 소개를 하기도 하고, 주방 용품을 판매하는 쇼핑몰에서는 자사 상품을 사용해서 요리를 만드는 모습을 내보내기도 한다. 의류쇼핑몰에서는 판매 중인 옷을 입은 모델이 뉴욕, 괌, 홍콩 등지에 여행을 다니며 즐겁게 노는 모습을 동영상으로 올리면서 구매자 들의 지갑을 열려고 노력하는 중이기도 하다.

자, 그럼 동영상을 활용해서 상품 홍보에 나설 때 어떤 전략이 필요할까 생각해 보도록 하자. 네이버 블로그, 네이버 카페에 동영상을 올려 두고 스마트 기기로 언제 어디에서나 감상하는 사람들 수도 늘어나는 추세다.

아직은 아니라면 더 이상 멈칫거리다가는 다른 경쟁 쇼핑몰보다 뒤처지게 되고 상품홍보에 후진적인, 새롭지 않은 구태의연한 구식 쇼핑몰로 이미지를 반감시킬 수 있다. 스마트한 홍보로 항상 새로운 트렌드를 열어가는 이미지를 갖추는 것도 경쟁력이다.

A. 영상에서 강조할 부분, 병풍 처리할 부분

동영상을 촬영할 때는 주인공과 병풍으로 나뉜다. 이 말은 카메라 앵글이 주요하게 여겨야 하는 곳이 있고, 다른 부분은 보조적인 배경으로 사용해야 하는 곳이 있다는 뜻이다. 그래서 방송가 용어로는 보조적인 곳을 '병풍'이라고 표현한다.

예를 들어, 카메라 앵글을 잡을 때 무조건 카메라 렌즈에 등장인물을 맞추는 건 아니다. 카메라는 촬영자의 시선이 아니라 시청자의 시선이 되어야 하고, 시청자가 원하는 부분을 중점적으로 보여야 하기 때문이다.

생각해 보자. TV 드라마 방송을 볼 때와 TV홈쇼핑 방송을 볼 때 여러분의 시선은 쳐다보는 곳이 다르다. 드라마에서는 주인공들의 눈빛을 위주로 시청하고, 홈쇼핑 방송에서는 모델 얼굴이 아니라 옷의 부분, 자신이 옷에 대해 궁금하게

기는 것처럼 홈쇼핑방송에서는 갖고 싶은 상품의 장점에 마음을 빼앗긴다.

그래서 촬영자는 항상 시청자의 시선으로 앵글을 잡아야 하는데, 여기서 중요한 부분이 또 한 가지 '눈높이'를 맞춰야 한다는 점이다. 예를 들어, 드라마인 경우 등장인물이 대사를 할 때는 그 대사를 마치 시청자가 옆에서 듣고 있는 것처럼 느껴지도록 등장인물 눈 위치와 시청자의 눈 위치를 맞춰야 한다. 그래야만 시청자가 드라마에 몰입되고 감정에 영향을 받는다.

홈쇼핑 방송도 마찬가지다. 상품을 비춰 주는 카메라는 시청자의 눈높이에 맞춰 따라가면서 상품을 보여줘야 한다. 예를 들어, 시청자가 지금 방송현장에 나와 있고, 직접 손으로 만지고 눈으로 구경하는 걸 감안해서 시청자들이 모니터를 통해 간접 체험할 수 있는 앵글을 잡아 줘야 한다는 뜻이다.

드라마를 보면 나중에 기억나는 건 등장인물의 대사와 얼굴이다. 시청자들은 배경을 안 보고 등장인물들과 대화를 나누고 그들의 감정을 느껴 줬기 때문이다. 홈쇼핑 방송에서는 상품디자인과 가격만 떠오른다. 시청자는 마음에 드는 상품을 발견하고 얼만지 기억했으며 상품 디자인이 갖고 싶었던 탓이다.

이와 같은 이유 때문에 드라마나 홈쇼핑 촬영에서 배경 부분은 시청자의 기억에 남는 요소를 위한 보조적 기능, 요리로 비교하자면 메인요리를 위한 애피타이저 기능을 담당한다. 현장에서 감독하는 연출자들이 카메라를 지켜보며 앵글의 배경 부분이 너무 튀지 않도록 신경 쓰는 이유도 이 때문이다.

B. CF에선 대사가 필요할까?

TV광고 CF는 15초 이내에서, 상품 브랜드명은 3회 이내로 말할 수 있다는 식의 광고제작기준을 지켜야 한다. 또한, 술 광고는 밤 11시 넘어서 보일 수 있고, 드라마나 광고에서 흡연 장면은 배제해야 한다는 식의 조건도 있다. 간혹, 어느 광고를 보면 30초 동안 나오기도 하는데, 이는 같은 광고를 15초씩 두 번을 구매한 경우에 해당한다.

그럼, TV CF에선 모델들이 어떤 말을 하며, 어떤 말을 하지 말아야 할까?

모든 광고 내용은 철저한 콘티에 따라 진행되는데, 만화를 그리듯 광고 각 장면을 컷으로 나눠서 미리 앵글 형태를 잡아 두고 모델 위치를 지정하며 대사를 할 부분과 대사 없이 갈 장면을 정해 두는데, 광고 속에서 모델들이 말하는 대사 역시 카피라이터라는 전문직종 분야가 콘셉트를 전달하기 위해 만들어 낸 광고의 일종이다.

단 15초 이내에 상품에 대한 메시지를 전달해야 한다는 조건에서 피를 말리는 치열한 전략으로 경쟁을 하는 분야가 바로 TV광고인 셈이다. 게다가 광고를 시청하는 사람들의 머릿속에 남아서 그들이 쇼핑몰에 왔을 때 소비까지 이어지도록 만들어야 하는 게 광고의 목적이기도 하니 말이다.

홍보 동영상을 만들려고 하는가? 판매자가 소비자에게 말해주고 싶은 이야기는 모두 빼는 게 정답이다. 오직 소비자가 궁금할 만한 이야기만 담아서 15초 이내, 30초 이내에 전달하도록 만들어야 한다. 소비자에게 어필하기 위해 때로는 음악도 담고, 동물 소리도 담아내며 인지도 있는 연예인을 등장 시키기도 하는 게 광고다.

홍보 동영상도 이와 크게 다르지 않다는 점을 기억하면서 광고를 만들어 보자. 광고를 본 사람들이 자기 블로그로, 카페로 나르는 순간 홍보효과가 더욱 늘어나고, 유튜브 같은 동영상 사이트에 동영상을 올리고 홍보할 수도 있으며, 트위터, 카카오톡으로 친구들에게 홍보해도 좋다. 페이스북에는 동영상을 올려놓고 친구들에게 '좋아요' 버튼을 받는 것도 홍보의 과정이다.

C. 가장 효과적인 영상의 길이는?

동영상 광고는 최대 1분을 넘지 않는다. 15초가 가장 적당하다. 그 이유는 사람과 사람이 처음 만나서 인사를 나누는 첫 만남, 이때 시간이 30초 이내이기 때문이다. 사람의 첫인상은 0.3초 이내에 결정되며 길어도 3초를 넘지 않는다. 인터넷 사이트는 페이지가 바뀔 때 2초만 넘어가도 지루함을 느끼게 된다고 한다. 인터넷의 발달이 사람들의 시간 사용을 초 단위로 바꿨다고 보는 이유다.

동영상을 만들 때 가장 효과적인 길이는 단일 광고일 경우 15초 이내이며, 1분이 넘어가는 스토리 중심의 긴 광고를 만든다면 화면을 자주 바꿔 주며 시청자들이 지루함을 깆지 않도록 노력해야 하는데 화면 변경 시간제한은 3초 이내가 된다. 인터넷 사이트 전환 시간이나 첫 만남에서 첫인상을 결정하는 시간과 비슷하다는 사실을 알 수 있을 것이다.

D. 영상을 보다가 클릭하면 상품페이지로 이동할까?

동영상을 보다가 마음에 드는 상품이 보였다. 마우스로 클릭하거나 손으로 터치해서 그 상품을 살 수 있는 쇼핑몰로 이동한다면 얼마나 편리할까?

소비자들 중에는 드라마나 영화를 보다가 연기자가 입고 나온 옷이나 작품 배경이 되는 집에 놓인 가구 등을 발견하고 어디에서 파는 상품인지, 브랜드는 어떤 제품인지 방송국으로 문의하는 경우가 적지 않은데, 심지어 광고 속에서 모델이 입고 나온 옷을 보고 똑같은 옷을 사기 위해 인터넷쇼핑몰을 샅샅이 찾아다니는 사람들도 있다.

이런 경우, 동영상 속에서 마음에 드는 상품을 발견했을 때 화면을 정지시키고 터치하거나 마우스로 클릭하기만 해도 해당 쇼핑몰로 이동할 수 있다. 물론, 이 기술은 이미 특허를 받아서 현재에도 적용되는 기술이라는 걸 알아 두자. 가령, 스마트스토에 올린 상품을 드라마나 영화, 광고 속에 등장시켜 시청자들로 하여

금 작품을 보다가도 언제든 스마트스토로 방문해서 쇼핑할 수 있게 해주는 기능인 셈이다.

E. 동영상 클릭 수를 높이는 비밀

자, 유튜브에 동영상을 올렸다고 하자. 하루가 지나고 이틀이 지났는데 어째 내 동영상 조회 수는 높아지지 않을까? 다른 사람들이 올린 동영상은 하루가 다르게 조회 수가 높아지는 걸 보고 누구나 동영상을 만들기만 해서 유튜 브에 올리기만 해도 인기 동영상이 될 것 같았는데 말이다.

동영상 조회 수를 높이는 비밀은 바로 유튜브에 동영상을 올리고 트위터, 페이스북, 카카오톡 등으로 동영상 주소를 홍보해야 하는 과정에 있다는 걸 알아야 한다. 유튜브에서 개인 동영상 제작자들에게도 광고상품을 나눠서 그 수익을 공유하겠다고 발표한 전략을 다시 생각해 보면 유튜브에 동영상을 올린 후에 당신이 알고 있는 사람들에게 동영상 주소를 홍보해서 유튜브에 많이 오도록 하라는 전략과 같다.

물론, 드러내 놓고 말하진 않는다. 개인이건 기업이건 제작자가 동영상을 만들어서 유튜브에 올리기만 하면 인기 동영상이 될 것이고 유튜브가 벌어들이는 광고수익도 나누면서 돈을 벌 수 있다고만 광고한다. 내가 만든 동영상을 내가 홍보해서 조회 수를 높여야 한다는 이야기는 안 해준다.

스마트TV 시대가 되면서 애플, 구글, 삼성전자를 비롯한 스마트 기기 제조사들은 스마트 기기용 콘텐츠 확보 전에 사활을 걸고 있다. 대기업의 경우 콘텐츠를 일괄적으로 구입해서 확보하는 경우도 있지만 콘텐츠라는 게 대중의 인기도에 에 따라 소비 결과가 다른 까닭에 지난 콘텐츠보다 새로운 콘텐츠를 꾸준히 확보해야 하는 게 중요하기 때문이다.

스마트스토어를 만들었는데 적당한 홍보 방법이 필요하다면 동영상을 적극 활용하는 게 중요하다. 상품을 그대로 촬영하여 홈쇼핑 형태의 홍보 동영상이 아니라 드라마나 영화 등의 콘텐츠를 만들면서 작품 속 배경으로, 주인공이 착용하는 소품으로 등장시켜야 한다. 스마트스토어의 방문자 수가 하루가 다르게 늘어 가는 장밋빛 현실을 확인하게 될 것이다.

F. 인기 있는 동영상, 거들떠 안 보는 동영상

그럼, 어느 동영상이 인기가 있고, 어느 동영상이 인기가 없을까? 누구나 만들기만 하면 동영상이라고 부르는데 왜 사람들은 인기 있는 동영상에만 몰릴까? 내 동영상도 사람들에게 인기기 있게 하려면 어떻게 해야 할까?

이에 대한 답은 바로 재미(FUN)이다. 생각해 보자. TV를 보는 사람들은 현실을 고민하고 토론에 참가하기 위해 TV를 선택하지 않는다. 고민과 생각은 현실 속에서 고달픈 생활을 하기에도 충분하다고 여긴다는 뜻이다. TV는 시청자들에게 환상을 주고, 재미를 준다. 잠시 현실 속 고민을 잊도록 도와준다. 그래서 사람들은 TV를 찾는다.

극장을 찾는 사람들의 경우는 어떨까? 현실 속 고민을 안고 극장에 가는 사람은 없다. 극장에 가면 팝콘이 생각나고 콜라가 떠오른다. 스크린에서 펼쳐지는 스토리에 빠져들고 예쁜 여자와 잘생긴 남자가 등장하는 사랑 이야기에 빠진다. 그렇게 두 시간 정도 극장 안에서 보내고 나오면 어느 우주여행을 다녀온 것처럼 머릿속이 하얘지는 느낌을 받게 된다. 꿈속에서 나온 것처럼 현실 속 모습이 잘 받아들여지지 않는다는 느낌을 받는다.

다시 말해서, 동영상은 재미를 담아야 한다. 힘들고 고민하고, 생각하기 위해 동영상을 보는 사람은 없다. 아무 생각 없이 즐겁게 웃을 수 있는 동영상이 인기를 얻는다. 이때, 동영상에 등장하는 사람은 현실 속 사람, 즉 판매자 본인이거나 어색한 일반인인 것보다 카메라 앞에서 웃을 수 있고 재미있는 연기를 보여줄 수 있는 사람이 필요하다. 사람들은 동영상 속에서까지 현실을 보고 싶어 하진 않는다.

G. 동영상 만드는 아이디어, 스마트폰으로 적극 활용하라

동영상을 만들어야 할 것 같긴 한데 마땅히 볼 책이 없다는 사람도 많다. 어디서 배우려고 하니 값도 비싸고 교육기관도 멀어서 배우러 다닐 시간도 없다는 핑계 아닌 핑계를 대는 사람도 있다. 그렇다고 해서 동영상을 안 만든다면 홍보수단 하나를 잃게 되는데 차라리 내가 직접 하지 않고 다른 사람에게 돈을 주고 시켜서 만들어 달라고 얘기하는 사람들이 생긴다.

과연 동영상 만들기는 어려운 것이며, 다른 사람에게 비싼 돈을 주고 만들어 달라고 시켜야만 해야 할까? 그건 아니다. 동영상은 스마트폰이나 디지털 카메라 한 대만 있으면 누구나 만들 수 있으며, 만드는 방법도 카메라 녹화 버튼 하나만 눌러 주면 되므로 편리하다. 동영상 만들기 어렵게 생각하지 말고 내가 가진 기기로 해결하는 방법을 알아야 한다. 답은 가까운 곳에 있기 때문이다.

카메라 제품 중에는 기기 내에 와이파이WiFi 기능을 탑재해서 촬영한 콘텐트를 바로 인터넷 연결을 통해 블로그, 카페, SNS 등으로 보낼 수 있는 기능이 가능한 제품도 많다. 동영상에 만든 사람 이름을 남기는 것은 물론, 설명이 필요한 장면엔 자막을 넣어 줄 수도 있는데 이런 기능을 모두 카메라 안에서 직접 처리할 수 있는 제품들이다.

게다가 태블릿PC나 스마트폰을 사용해서 동영상을 찍고 통신망을 사용해서 해당 동영상을 블로그나 카페로 보냈다면 곧바로 갖고 있는 기기로 인터넷을 연결, 사이트에 접속해서 동영상이 제대로 업로드 되었는지 확인할 수도 있다. 카메라를 들고 컴퓨터 앞에 와서 동영상 편집프로그램으로 작업하는 어려운 과정이 아니라는 뜻이다.

H. 웃는 사람들이 많을수록 올라가는 매출 상승

동영상의 재미가 중요한 이유는 바로 사람들 기억 속에 오래 남기 때문이며, 또 하나 사람들이 다른 사람들에게 전파하려고 하기 때문이라는 점이다. 재미있는 이야기를 들었다면 사람들은 친구나 지인에게 그 이야기를 해주고 싶어 한다. 모임 분위기를 부드럽게 만들고, 사람들 사이에서 유쾌한 사람으로 이미지를 만들고 싶다는 본능이다. 재미있는 사람이 되면 주위에 사람들도 모이고 자신의 인기가 높아질 것이라는 기대심리도 있다.

사람들이 재미있다고 여기고 친구들이나 지인끼리 돌려보는 동영상이 된다면 방문자가 늘어나고 친구들도 늘어난다. 내가 만들어 올리는 동영상이 재미있고, 더 많은 동영상들, 더 많은 자료들을 빠르게 받아 보고 싶어 하는 사람들이 생기므로 그들이 나를 찾아 블로그 구독자가 되고, 페이스북과 트위터 친구가 된다.

결과적으로, 스마트스토어의 잠재 고객이 되어 블로그와 트위터와, 페이스북을 통해 방문해주는 상황이 이어진다. 그들이 찾던 동영상이 상품 상세 소개 페이지에도 나온다면 그들은 상품을 처음 보더라도 낯설다, 새롭다는 이미지 대신에 자신과 익숙하다, 자신이 재미있게 보던 동영상이 이 상품의 홍보영상이었다는 걸 알게 되면서 상품이나 가격에 저항력이 줄어든다.

'새롭다'는 것에서 오는 주저함과 망설임이 사라지고, 익숙하다는 것과 같이 공감했다는 것으로부터 '내가 알던 상품이다', '내 기분에 익숙한 상품이다' 는 착각 현상을 만들어 주기까지 한다. 동영상으로 상품과 구매자가 서로 교감하게 되는 일이 벌어진다.

네이버 사용자와 네이버를 방문하는
네티즌을 대상으로 나만의 쇼핑몰
[스마트스토어] 를 만들고,
상품판매, 광고, 홍보를 하는 방법에 대해
알아보도록 하자.

PART 04

인터넷쇼핑몰, 스마트폰으로 들어가다:

팟캐스트 홍보
달인의 노하우
무료홍보

팟캐스트PODCAST란 아이폰이나 태블릿PC 등에서 다운로드 받아 파일을 저장하고 들을 수 있는 콘텐츠를 말한다. 팟캐스트는 그래서 라디오 방송 혹은 TV동영상 방송처럼 사용될 수 있으며, 실제 팟캐스트 방송의 형태로 국내 스마트 기기 사용자들 사이에서도 사용도가 매우 높다. 또한, 애플社는 앱스토어에 '팟캐스트'를 이용할 수 있는 어플리케이션을 올려 IOS 사용자들에게 편리한 이용을 지원하고 있다.

팟캐스트는 팟캐스트 사이트에 오디오나 동영상 콘텐츠를 모두 업로드 하고 다른 사용자들이 내려 받도록 하여 유통되는 콘텐츠가 아니다. 사이트엔 팟캐스트를 올려 두고 사람들이 다운로드 받을 수 있도록 만들어 둔 사이트 주소를 올려 두기만 한다. 사람들은 팟캐스트 주소를 확인하고 해당 사이트에 접속, 팟캐스트를 내려 받아서 스마트 기기에 저장한 후 언제 어디에서나 자유롭게 듣고 시청하는 것이다.

스마트 기기 사용자들이 폭발적으로 증가하고 더불어 팟캐스트 콘텐츠도 인기를 얻음에 따라 스마트폰이나 태블릿PC를 통해 팟캐스트를 이용하기에 편리하도록 지원하는 어플리케이션들이 늘어났다. 애플사에서 만드는 스마트 기기 제품군뿐 아니라 안드로이드 운영체제를 사용하는 제품군에서도 팟캐스트를 사용할 수 있도록 지원해주는 어플리케이션들도 늘어 가는 추세다.

신문이나 TV가 아닌, 제3의 스마트 기기를 플랫폼으로 하는 오디오, 동영상 방송 콘텐츠 활용을 통해 홍보에 활용하는 방법을 알아두도록 하자.

A. 혼자 만들고 같이 듣기

팟캐스트를 만드는 방법은 간단하다. 스마트폰 한 대만 있으면 오디오 녹음, 동영상 촬영이 가능하다. 실시간으로 현장에서 찍어서 팟캐스트에 올릴 수도 있고, 오디오로 녹음하거나 동영상을 만든 파일을 컴퓨터 등에서 편집 작업을 거쳐 팟캐스트에 올릴 수도 있다. 실제, 다수의 팟캐스트 방송을 만드는 제작자들은 자동차 안에서 녹음해서 오디오 파일을 만들기도 한다.

팟캐스트에 올리면 몇 명이나 들을까? 팟캐스트 방송을 만들면 홍보 효과나 있을까 궁금하다는 사람들이 있다. 한 가지 예로, 모 뉴스 팟캐스트는 매주 콘텐츠를 제작해서 팟캐스트를 통해 서비스하는데, 자신의 스마트폰에 내려 받는 다운로드를 하는 사용자 수가 50만 명에 이른다. 이 외에도 정치 관련 팟캐스트는 2백만 명을 넘긴 지 오래 되었으며 팬클럽이 생기고 다양한 오프 모임 활동까지 이어가면서 인기를 구가하는 중이다.

B. 이슈에 강하면 트렌드가 될까?

팟캐스트에 올릴 방송은 정치나 시사, 인기 연예인 같이 이슈에 강한 내용으로만 해야 인기를 얻을까? 이에 대한 답은 '아니다'가 맞다. 생각해 보자. 스마트폰 한 대면 누구나 청취가 가능한 팟캐스트는 웬만한 방송국 시청자보다도 많은 가시청자를 대상으로 한다. 따라서 각양각색의 내용으로 만들 수 있으며, 팟캐스트 중에는 방송, 요리, 낚시, 등산, 연애 등에 관한 다양한 콘텐츠들이 많다.

한번 다운로드 받은 팟캐스트는 두고두고 들을 수 있는데 이 횟수까지 고려하면 재청취와 재방송 시청자 수가 합산되어 그 영향력은 더욱 커지게 된다. 게다가, 트위터, 페이스북, 카카오톡 등으로 SNS을 활용하여 빠르게 전파되는 덕분에 새로운 방송이 업로드 되는 순간 실시간으로 그 내용이 알려지며 다른 이들의 관심과 반응을 동시에 이끌어 낼 수도 있다. 트렌드를 고려해서 팟캐스트를 만드는 게 아니라 팟캐스트를 만들어서 트렌드가 되는 셈이다.

C. 스마트폰 사용자들의 팟캐스트

스마트폰 사용자들은 팟캐스트에 대한 인지율이 50%가 넘는다는 한 조사 결과가 있다. 남자와 여자 이용자를 구분해서 실명으로 따질 때 팟캐스트 초창기에는 남자 비율이 높았으나 점차적으로 패션과 요리, 생활정보를 다루는 팟캐스트들이 많아지면서 여성사용자들도 늘어나는 추세다.

팟캐스트를 이용하는 사람들은 팟캐스트에 대해 평가하기를 '다양한 콘텐츠가 장점이다'는 반응과 '기존의 TV나 라디오에서 접할 수 없는 색다른 느낌' 이 매력이라는 내용이 많다. 방송에 대해 시청자, 청취자였던 사람들이 직접 1인 방송을 만들어 운영하는 것이므로 기존 TV나 라디오에서 다루지 못했거나 다룰 수 없었던 영역까지도 자유롭게 만들어 낼 수 있기 때문이다.

팟캐스트는 학습용 콘텐츠도 많은데, 영어교육, 토익, 토플을 공부하는 콘텐츠도 많아서 학생들에게도 큰 도움이 되고 있으며, 유머나 개그를 소재로 하는 팟캐스트는 젊은 층 사이에서 인기를 얻고 있다.

이처럼 다양한 콘텐츠로 무장한 인기 팟캐스트들이 앞 다퉈 등장하면서 인기 방송의 경우 광고를 받아서 넣는 경우도 심심치 않게 생기는 중이다. 팟캐스트를 만들고 운영하려면 무엇보다도 서버 트래픽 비용이 필요한데, 팟캐스트는 이용자 수가 많을수록 트래픽 비용이 증가하는 구조이기 때문에 개인이 부담할 수 있는 범위를 넘어서는 비용이 발생하기도 하므로 광고료로 충당하는 필요성이 있다. 실제, 외국 팟캐스트 제작자들은 콘텐츠 중간마다 광고를 넣어 수익을 올리는 상황이기도 하다.

D. 인터넷쇼핑몰 팟캐스트 어떻게 만들까?

홍보용 팟캐스트를 만드는 방법은 간단하다. 팟캐스트란 단어 특성상^{애플의 상표} 팟캐스트라는 단어를 사용하지 않기도 하는데, 정작 그 뜻을 보면 오디오 파일이나 동영상 파일을 서버에 올려 두고 다른 사용자들이 내려 받아서 그들의 스마트 기기 안에서 듣거나 볼 수 있도록 하는 일이다.

홍보용 팟캐스트는 상품상세 페이지에 올리는 동영상과는 다르다. 제품만 촬영해서 별다른 설명 없이 모델이 사용하는 방법만 알려줘도 되는 게 동영상이라면 팟캐스트에 올리며 콘텐츠는 영화나 드라마 형태가 좋고, 이와 같은 작품이 힘들다면 간단한 토크 형태의 내용으로 구성하기를 추천한다.

예를 들어, 필자와 같이 패션쇼를 영화로 만들어서 활동하는 패션디자이너는 새로운 디자인 출시와 동시에 배우들이 패션 아이템을 착용하고 디자인에 담긴 스토리와 콘셉트를 영화 속에서 연기로 표현해 낸다. 당연히 팟캐스트에는 영화로 만든 패션쇼, 즉 쇼무비^{ShowMovie}가 업로드 되고, 사람들은 필자가 올린 쇼무비를 영화로 감상하게 되는 것이다.

필자와 같이 쇼무비 형태의 동영상 콘텐츠가 아니라면 다른 방법도 많다. 판매자가 혼자 등장하거나 다른 출연자와 동시에 출연해서 쇼핑트렌드에 대한 대화를 나누는 오디오 파일을 만들어도 되고, 제품을 사용해보며 장단점을 분석해주는 사용법 콘텐츠도 좋다. 팟캐스트를 올린 사람은 판매자라는 사실이 표시되므로 도메인 주소를 기억하라고 강요하는 식처럼 별도의 홍보를 하기보다는 사람들에게 정보제공이라는 목적으로 다가서는 게 좋다는 뜻이다.

E. 쇼핑몰 팟캐스트, TV홈쇼핑과 다르다?

쇼핑몰 홍보용으로 또는 판매자로서 다양한 쇼핑 정보를 제공하기 위한 팟캐스트는 TV 홈쇼핑방송과는 엄연히 다르다.

TV 홈쇼핑 방송은 정해진 시간 이내에 목표로 설정한 매출액을 달성하기 위해 실시간으로 시청자와 상담하며 쇼핑주문을 받는다. 1분에 얼마, 30분에 얼마 이상을 달성해야만 TV 홈쇼핑방송을 할 이유가 된다. 일정 수준 이하의 매출은 곧바로 퇴출 조건이 되며 새로운 상품으로 구성을 해서 매출 목표치를 만들게 된다.

반면에 쇼핑몰 팟캐스트는 실시간 주문이 이뤄지는 방송이 아니다. 그래서 사람들에게 거부감을 줄 우려 대신 호감을 얻을 수 있는 내용으로 꾸밀 수 있다는 게 장점이다. 미리 예고를 하고 특정상품을 판매하기에 바쁜 홈쇼핑이 아니기 때문에 제작자의 호감, 비호감에 따라 팟캐스트 내용을 기획하고 만들면 된다.

TV홈쇼핑 방송은 불특정한 다수를 대상으로 판매할 상품을 정하고 이에 맞는 출연자와 멘트를 준비해서 방송한다. 쇼핑호스트의 역할이 중요하고 방송 중간중간에 시도되는 시청자와의 상담 내용이 중요하다. TV홈쇼핑 방송에 제품을 만드는 회사 대표가 출연해서 상담을 하는 경우도 있으며, 연예인들이 출연해서 상품 사용 소감을 얘기해주는 장면도 많다. 실시간으로 이뤄지는 상황에서 최대한 짧은 시간 내에 시청자의 마음을 움직여서 주문을 하도록 만들어야 하기 때문이다.

팟캐스트는 굳이 주문을 요구하는 내용이 아니기 때문에 얼마든지 다양한 내용구성이 가능하다. SNS에 익숙한 요즘 세대들을 대상으로 유머도 담고 음악도 담으며 콘텐츠를 이용하는 사람들과 팟캐스트를 통해 친분을 만들 수 있다. 정해진 시간 안에 해결할 과제가 없으므로 천천히 다가가며 더 가까운 관계를 만들수 있다는 장점이 있다.

F. 팟캐스트 만들고 네이버 블로그에 올리기

팟캐스트는 네이버 블로그, 네이버 카페에도 동시에 업로드가 가능하다. 이런 기능은 팟캐스트만의 큰 장점인데 스마트 기기에서뿐만 아니라 일반 PC에서도 팟캐스트를 즐길 수 있게 된다는 뜻이다.

가령, 팟캐스트 호스팅을 지원해주는 사이트에서 내가 만든 팟캐스트를 올리고 해당 주소를 네이버 블로그, 네이버 카페에 글쓰기 창에 붙여 넣기를 하는 방식이다.

예를 들어, 필자가 영화로 만드는 패션쇼인 쇼무비 작품을 팟캐스트 콘텐츠로 업로드 하고, 퍼가기가 가능한 소스를 복사해서 다른 곳에 붙여 넣기 하면 해당 콘

출처:http://podics.qrobo.com/channel/channel_item_view.php?c=v&ci_아이디=699117&page=

텐츠가 표시된다. 콘텐츠를 붙여 넣은 블로그나 카페 등의 사이트를 방문하는 사람들이 팟캐스트 콘텐츠를 보게 되고, 이 과정을 반복하면서 홍보가 이뤄지게 된다.

이상으로, 쇼핑몰 홍보를 위한 이미지 활용법과 동영상 활용법에 대해 알아봤다. 이를 바탕으로 스마트 기기를 활용하여 콘텐츠 형태로 홍보하는 법에 대해서도 소개했으며 SNS와 블로그, 카페를 동시에 활용하는 아이디어를 담았다.

쇼핑몰 판매자가 되었다면 크고 작건 간에 수익을 내야 하는 대표가 되었다는 뜻과 같다. 직원 수도 늘어나고 사업규모도 커지겠지만 지금 당장은 모든 일을 혼자서 해야 하는 1인 기업인 경우가 대부분인데, 자본이 적다고 인원이 없다고 핑계를 찾는 대신 직접 체험하고 경험하면서 방법을 찾아보는 게 더 좋다. 어차피 나중에 직원을 고용해서 업무를 맡기더라도 내가 먼저 할 줄 알아야 제대로 정확한 업무지시가 가능하기 때문이다. 성공하는 쇼핑몰의 등장에 본 도서에서 배운 내용들이 도움되기를 기대한다.

스마트스토어

쇼핑몰 만들고, 스마트폰으로 홍보하는

나만의 쇼핑몰

IT 기반의 산업에서 온라인쇼핑몰 분야는 선점 우선의 규칙이 존재하는 시장이다. 다른 사람이 시작하기 전에 먼저 도전하고 시작해야만 성공 가능성이 높다. 그래서 먼저 시작하는 사람에게 더 큰 성공 가능성을 기대할 수 있다. 다른 오픈마켓이나 쇼핑몰이 많지만 획일화되어 가는 상품구성과 판매전략, 그리고 판매자들에게 부가되는 광고상품의 홍수 속에서 자금의 부족을 쇼핑몰 성공 가능성 여부를 판가름하는 데 중요한 요소로 구별 짓던 사람들이 많았던 것도 사실이다.

반면, 스마트스토어에서는 자본의 부담이 적은 상태에서도 네이버를 등에 업고 다양한 홍보 효과까지 기대할 수 있다는 장점이 있다. 검색서비스 이용자 수 최대인 것은 물론, 수년째 차지해오는 업계 1위의 위치를 적극 활용한다면 기대 이상의 성공을 불러올 수도 있다는 예측이 가능하다.

물론, 인터넷쇼핑몰은 무엇보다도 상품이 중요하고, 가격도 중요하지만 판매자의 신뢰도가 제일 중요하다는 점을 잊으면 안 된다. 그러므로 네이버 블로그를 만들어서 쇼핑몰과 적극 병행하고 네이버 카페를 만들어서 회원들과 지속적인 모임을 만들어 가는 것도 필요하다.

그뿐 아니다. 실시간으로 이용자들과 친밀도를 쌓아 가도록 해야 하며, 트위터, 페이스북, 카카오톡을 비롯하여 핀터레스트와 팟캐스트까지 이용하면서 온라인 기반 인기 트렌드를 구가하는 서비스들을 적극 활용하는 홍보 전략을 세워야 한다. 어떤 쇼핑몰을 발견한 사람이 트위터, 페이스북 등에서도 똑같은 쇼핑몰을 찾게 된다면 거기서 생기는 신뢰도는 기대 이상으로 높아진다.

쇼핑몰 만들기와 홍보가 네이버 안에서 가능하게 된 것은 업계에 시사하는 바도 크고 기대되는 부분도 높은 게 사실이다. 더 이상 망설인다는 것은 필요 없고 도전하면서 생기는 일들은 그때그때 대응책을 만들어 가며 앞으로 나아갈 뿐이다. 다른 사람들이 해보는 걸 지켜보다가 나중에 시작해도 늦지 않다고 생각하면 오산이다. 시장은 먼저 진입한 사람들 위주로 흘러가게 마련이다. 사람들은 습관을 쉽게 바꾸지 않는데, 이는 다른 말로 표현하자면 한번 쇼핑하기 시작한 쇼핑몰을 쉽게 다른 쇼핑몰로 바꾸진 않는다는 말이다.

본 도서에서는 네이버에서 만드는 무료 인터넷쇼핑몰에 대해 소개하고 만드는 과정과 홍보하는 과정을 다루면서 스마트폰을 활용하는 법에 대해 많은 페이지를 할애했다.

그 이유는 시간이 흐를수록 IT 온라인 기반 산업구조가 스마트 기기, 즉 모바일 환경으로 변모하는 트렌드를 반영한 것이며, 팟캐스트로 대변되는 동영상이나 오디오 콘텐츠 시대에 팟캐스트 만드는 법에 대해서도 다루어 본 도서 하나로 SNS는 물론, 팟캐스트라는 '동영상 블로그' 노하우까지 모두 담았다는 데 큰 의미를 둔다.

레드오션이라고 인식되던 온라인 인터넷쇼핑몰 분야에 5개 이하의 상품으로도 멋진 쇼핑몰을 만들 수 있는 배려에 많은 패션디자이너들이 감사함을 갖게 될 것이라고 확신하는 바다. 졸업 작품으로 만든 디자인을 내놓을 수도 있고 샘플 작업해둔 디자인을 내놓고 시장의 평가를 받아볼 수 있는 기회가 되기 때문이다.

1년에 우리나라에서 배출되는 약 1만 5천 명의 디자이너들에게도 딱 좋은 스마트스토어 쇼핑몰은 쇼핑몰사업과 온라인 홍보를 동시에 할 수 있는 가장 매력적인 서비스로 생각된다. 많은 분들이 더는 머뭇거리지 말고 도전하고 시작해서 성공의 무대를 밟아 보는 기쁨을 갖게 되기를 바란다. 그 자리에 본 도서 (나만의 쇼핑몰 [스마트스토어] 만들기)가 함께 하기를 바란다.

스마트 스토어

스마트 스토어